NUMBER 7

…ディア総研
…ックレット

メディア選挙の誤算

MISCOUNT

2000年米大統領選挙報道が問いかけるもの

小玉美意子

花伝社

プロローグ　その夜のブッシュとゴア

２０００年11月7日の米大統領選挙投票日深夜（8日）2時15分前後、テレビ放送が相次いでブッシュの勝利を宣言した。テキサス州オースティンの知事公舎でテレビを見ていた共和党の大統領候補ジョージ・W・ブッシュは、居合せた家族や選挙キャンペーンのスタッフたちと抱き合い喜び合って、自分が次期大統領であることを確信した。

一方、ナッシュビルのローズ・バンダービルド・プラザホテル七階のスイートに集まったゴア陣営は、「ブッシュ当選」を伝えるCNN放送に一瞬静まり返った。テレビがこぞって伝える「ブッシュ当選」と「五万票の差」は大きいと信じ、それが不正確な数字だとは夢にも考えなかった。ゴアは妻のティッパーと子供たちに敗北を伝えるために、ホテルの九階に上がった。眠っている子もいたが、それを聞いて泣き出した子もいた。ゴア候補はライバルの共和党ブッシュ候補に電話して当選を祝い、彼自身の敗北を認めた。同じころ、別の場所で開票の詳細を調べていたゴア選挙キャンペーン・マネージャーのドンナ・ブラザイルが、副大統領候補リーバーマンの携帯電話に「降伏してはだめ、まだ終わっていない」というメッセージを入れていたのに。

ゴア候補は、彼の支持者たちの集まっている会場に向かった。今、彼がしなければならないことは、大統領選に敗れたことを大勢の支持者やメディアの前で公式に認め、支持者たちのこれまでの努力に感謝することである。

会場の戦争記念広場の駐車場を歩いていて、あと五、六台というところでポケットベルが鳴り、「選挙戦略責任者のマイケル・ホウリーにすぐ電話するよう」連絡が入った。ホウリーはゴア選挙本部でフロリダ票の推移をいろいろな手段でチェックしていたが、フロリダ州務省のホームページで、ブッシュとの票差が五万票から六〇〇〇票に縮まったのに気がついたのだ。票差が近ければ、まだ開票進行中の段階ではどちらが勝ったとは言いがたい。そこで、ただちにゴアに連絡し、まさに敗北宣言寸前のゴアに「待った」をかけたのだった。紙ひとえの差で「敗北宣言」を思い止まったゴアは、わずか三〇分ほど前の「当選祝い」と自分自身の「敗北宣言」を取り消すために、再びブッシュ候補に電話をした。

「えっ、何だって？　さっきの電話を取り消すって、一体どういうこと？」

ブッシュはすでに勝利演説の草稿を書き始めていた。

「そんな噛みつくように言わなくったって」

とゴアは応じた。

ブッシュの弟、ジェブ・ブッシュは渦中のフロリダ州知事で、今度の選挙ではフロリダ票をまとめる中心人物だった。ブッシュ周辺の人たちは、彼からフロリダはブッシュが獲ったと聞いたばかりだったのである。ゴアは言った。

「あなたの弟さんがこの件で究極の権威だとは言えないんだ」

このやりとりが、これから始まる文字どおり泥縄式の混迷選挙開票の始まりとなったのである。

（この項は、『ニューヨーク・タイムス』『ワシントン・ポスト』『ロサンジェルス・タイムス』の２０００年11月７日から10日の新聞およびインターネット新聞を参考にした。）

Ⅰ　開票の夜

1　CBS報道の視聴記録

さて、今もってどちらが勝ったか分からないとされる選挙で、このような誤報により大統領候補者までをあたふたさせた放送局の開票速報体制とは、一体、どのようなものだったのだろうか。ここでは、筆者が実際に生で見たCBSの開票番組を中心に、また、録画しておいたNBC、ABC、CNNその他の放送局の番組を参考にしながら、当夜の開票状況と、選挙結果予測がどのようにしてなされたのかを見ていこう。

その前にアメリカの時間帯について述べておきたい。東から東部、中部、ロッキー山脈、そして太平洋岸の各標準時間がある。このほかにアラスカ、ハワイがそれぞれ一時間ずつ遅れてやってくる。本土だけでも東と西の時差が三時間、したがって、東部で投票所が閉まる時間帯に、西部ではまだ三時間も投票できる。その上、州や都市によって終了時間が多少前後する。

本稿では混乱を避けるために、とくに断らない限り、東部標準時間を用いることにする。ネットワーク放送の本部のあるニューヨーク、CNNの本拠アトランタ、問題となるフロリダ州の大部分を占める半島部、そして筆者が住んでいたオハイオ州も東部時間帯に属している。ただし、二人の大統領候補、ブッシュはテキサス州オースティンに、ゴアはテネシー州ナッシュビルに本部をおいており、どちらも中部標準時間帯にある。

序盤戦

11月7日東部標準時間の夕方18時ごろから、2000年選挙の開票放送は始まった。日本では「大統領選挙」の印象が強いが、この日は同時にさまざまな投票が行なわれた。上院議員の改選ではニューヨークから立候補したヒラリー・ロッダム・クリントンが記憶に残っているだろう。そして、下院議員選挙、州によっては州知事選も行なわれた。後者では立候補届け出後、飛行機事故で死亡したミズーリ州知事も含まれている。さらに、アメリカでは、市長、裁判官、教育委員、その他、さまざまな種類の役職が選挙で選ばれることになっているので、地域によっては二十数種類の選挙が同時に行なわれた。

この中から、国政選挙や州知事などの重要なものについては、ネットワーク局が報道し、その他の地方選挙についてはローカル局が放送枠を設けて伝えている。

CBSでは18時、まだどこでも投票が行なわれている最中に、早くもキャスターのダン・ラザーは、ブッシュが二〇人の「選挙人」を獲得したことを伝えた。

この「選挙人」あるいは「選挙人団」、英語で"Electoral College"といわれるものが、のちのち問題となるのでここで説明しておこう。アメリカの大統領選挙は直接選挙といわれているが、実はその間にステップが設けられている。それは、アメリカが"合州国"であることと関係がある。日本では"合衆国"と意訳して書かれるので気づきにくいが、アメリカは"United States"of America すなわち、州が集まって作られている国なのである。はじめに東部の一三州がイギリスから独立して一つの国家を形成したときから、州の独自性は常に大事にされてきた。外交、軍事などは国家に属する権限だが、教育、福祉をはじめ多くの権限が州にあり、その州により別々の法律が作られている。離婚やギャンブルが容易にできる州のあることは多くの人が知っているだろう。

大統領を選ぶ際にも、州として誰を選ぶか意思決定をし、その州の意思を集めたものを国の決定とする制度を作ったのである。しかし、州によって人口は違うので、各州の人口に比例して選挙人団の数を設定した。そして、候補者の票差がいかに接近していようとも、一票でも多く取った方が、州全体の選挙人団を獲得できるのである。したがって、人口の多い州を獲得した候補がより有利になり、選挙人を合計何人獲得するかが、当選の鍵を握っているのであった。

CBSでは毎時25分過ぎと55分過ぎがローカル枠となっている。そこで、18時25分に、私の住んでいたオハイオ州の場合はチャンネル10の『10TV Eye Witness News』がローカルの選挙結果を伝え始めた。地域の学校の運営問題についての住民投票もこの中には含まれており、「一票がとても重要だ」と訴えて、まだ投票していない人の投票をうながしていた。また、有権者名簿の不備などで一部投票できない人が出ていることなども、この時間にすでに伝えられた。

18時30分。再びCBSスタジオでラザーが伝える。「フロリダ、ミシガン、ミズーリ、ペンシルベニアなどが大接戦である」。投票は東部時間の地域でさえまだ終わっていないから、この段階ではすべてが事前調査と出口調査に基づいている。

ラザーを取り巻くように、三人のコメンテーターがそれぞれの担当責任者としてスタジオにいる。大統領選担当のエド・ブラッドレー、上下両院議員選担当のボブ・シーファー、知事選その他を担当するレスリー・ストールだ。それぞれ前者から順に、黒人男性、白人男性、白人女性と、日ごろの実力と人種・性別のバランスもとれている。ダン・ラザーは、白人男性である。

彼らは口々に、「今年の選挙ほど接戦のことはない。決まるまでには時間がかかるから、コーヒーでも沸かして飲みながら、ゆっくり観戦したほうがいい」などと言っている。この時間帯はまだ暇なので、アメリカ大統領選挙の小史などが挿入された。たとえば、1900年選挙では投票率が73%だったのに、一〇〇年後の今日では50%前後にすぎないことが話された。また、「選挙人団」については、68年の選挙で、ニクソンは43・4%の総得票率で選挙人団の55・9%を獲得し、ハンフリーは42・7%獲得しながら選挙人団は35・5%を獲得したにすぎなかったことに言及している。でも、この場合は僅差ではあるがニクソンが総得票数でも勝っているので、選挙人団の制度的問題は指摘されたが、選挙結果が大きな問題とはならなかった。

さて、19時台。東部諸州の投票所はほとんど閉められ、フロリダ、ジョージア、バーモント、ニューハンプシャーなどの諸州が接戦であることが分かった。ラザーは「私たちはたとえ少し遅くなっても、当選の宣言には正確を期するつもりです」と視聴者に断った。前の選挙でも誤報があり、ネットワーク局はどこも一応、反省していたからである。中でもフロリダは選挙人25名という大選挙人団をかかえる州である。大統領選挙担当のエド・ブラッドレーは「女性、黒人票は主として民主党に行った。高齢者は今までは共和党だったが、今回は半分ぐらい民主党に行ったかもしれない」と分析した。上院・下院の議員選挙担当のベテラン記者ボブ・シーファーは「上院では共和党のネルソンが議席を獲得した。このことが何を物語るか……」というコメントを添えた。

最初の誤報「フロリダ州、ゴア勝利」

19時50分、他の話の途中でいきなり「フロリダは、アル・ゴアが取りました」とのアナウンスが入った。

それまで圧倒的にブッシュの選挙人団数ばかりが示されていた画面にゴア票が加わり、ゴア対ブッシュは、二八人対五四人となった。このときまでにブッシュ票として数えられていたのは、事前調査と出口調査により、完全にブッシュとみられた中部およびロッキー山岳部のいくつかの州である。支持が明確なのは内陸部に多かったので、開票速報の全体としては常にブッシュがリードしているような印象を与えた。ゴア票は都市部の人口過密地域に多いので、まだ、確定票としてはあまりカウントされていなかった。フロリダの二五票が加えられて、初めてゴアも互角とはいかないまでもまとまった得票をしたという感じだ。せいぜい２％程度の開票でも、そこに数字が比較されるとインパクトは大きい。

最初の誤報「フロリダ州、ゴア勝利」のテレビ画面

実は、フロリダをゴアが取ったというアナウンスは、ＣＢＳが最初ではなかった。記録によれば、30秒ぐらい前にＮＢＣと、ＮＢＣの二四時間ケーブル・ニュース放送であるＭＳＮＢＣが、ゴアの勝利を伝えている。ＦＯＸは52分ごろ、ＡＢＣは20時02分に伝えている。なお、後でも述べるが、ＣＮＮは当選判定についてＣＢＳと共同作業をしているので、ほとんどＣＢＳと同時である。

いずれにしてもこれは開票が進むにつれて誤報であることが判明した。あれほど、「この選挙の決着は長引く」「フロリダは接戦なので決するまでには時間がかかる」と言っておきながら、このような早い段階で、今度の選挙の帰趨を決するもっとも大事な部分で誤報を流してしまった。それも、全ネットワーク局そろって早とちりをしたのである。

この後の20時台、ラザーの机の前のアメリカ地図は、ブッシュの押さえた内陸部のいくつかの州は赤い色に染まり、ゴアが押さえた主として海に面したいくつかの州は青色に染められていった。内陸部諸州は人口が少ないので選挙人団の持ち数は少ないが、面積は大きい。この地図を見ていても、ブッシュ優勢という印象になる。

20時台後半に入り、初めてゴアの選挙人団獲得数がブッシュを上回った。ペンシルベニアをゴアがとったと断定したからである。その後、21時台になってニューヨークがゴアのものと断定され、一八二対一五三でゴアが優勢に見えたこともある。まだフロリダがゴアのものと考えられていたからである。この後すぐ「揺れ動く州（swing state）」といわれたオハイオ票がブッシュのものと断定される。ゴアのお膝元テネシーがなんとブッシュに取られたと伝えられるなど、めまぐるしく情勢は動き、まったく予断を許さない状態となった。

22時ごろ、第三の大統領候補であるラルフ・ネーダーのインタビューなどが入った。彼自身の問題よりも、彼が立候補した結果、ゴア票が食われたのではということの方が、インタビュアーの関心のように見受けられた。

ここでニュースが入る。「フロリダにおける開票に重大な誤りがあった」と伝えられた。ある郡の開票結果で、ブッシュに行くべき票が間違ってゴアのものとして数えられたことが判明したのである。まったく信じられないようなミスだが、ともかくすべてが終わった後でなく、開票の途中で判明したというのは不幸中の幸いというべきか。ここでフロリダにおけるゴアの約一万七〇〇〇票がそっくりブッシュに移されることになり、フロリダの行方はまったく混沌としてしまった。

このフロリダの数え間違いは、放送局の責任ではなく、実際の開票と集計のミスである。しかし、早すぎる段階でゴア勝利を断定したことは、放送局側の問題と言えるだろう。いずれにしても、ここで出てきたフロリダの数え間違いは、これから始まるもっと大掛かりな「フロリダ集計問題」の始まりにすぎなかった。そのようなことは、この時点でアンカーやコメンテーター、記者たちは知る由もない。だから、この展開に驚きながらも、「悪いデータを除外でき」「まあ、良かった」としたのであった。

ローカルな話題では、イタリア系アメリカ人の下院議員当選ニュースがあった。マフィアさながらの大家族がイタリアからやってきて応援し、当選を喜ぶ風景が挿入された。このイタリア人特有の明るいニュースは、ラザーの大上段に振りかぶった態度と、緊迫した大統領選に疲れた人々を、いくらかほっとさせた。彼は「アメリカだから、これができる。アメリカでは誰もが夢をもてるのだ」と述べて、アメリカを持ち上げることを忘れなかった。

23時。太平洋岸の州の投票終了とともに、カリフォルニア、ワシントンの二州はゴアのものとされ、つづいてハワイもそうなった。ネーダーの強かったオレゴン州だけは当夜のうちには決定せず、ずっと後になって確定する。0時にアラスカ州が投票終了とほぼ同時にブッシュと断定された。

ここでもう一度、断っておきたいが、ここまでのネットワーク局の当選断定は、ほとんど事前調査と出口調査にもとづくものであり、一部、早く投票所が閉まり早く開票が行なわれた地域についてだけ、実際の票が評価の対象として加味されている。そして、深夜の0時から後は、現実にすべての地域での開票が進むので、実際の票が主たる判断の対象となり、その重みが時間とともに増し、最終的には実際の票で決定されるわけである。

大誤報「ブッシュ、大統領に」

深夜0時前後、ゴア対ブッシュの選挙人団獲得数は二三一対二二九となり、さらに、二三一対二三七、二四二対二四六へと変わった。過半数の二七〇を獲得した方が勝ちである。ここで、ラザーは「ブッシュは大統領職を獲得しそうだが、アル・ゴアもまだ糸はつながっている」と表現している。この後、ラザーの発言を聞くと、断定はしないまでも常にブッシュに有利な調子で進められる。しかし、考えてみれば、選挙の開票はマラソン中継などと違い、投票所が閉まってから戦っている人は誰もいない。すでに投票したものについて、先に数え終わったものから足しているに過ぎないから、リードしているといっても開票の順序による違いがあるだけで、違う選挙区票を先に開けたら別の人がリードしているかもしれない。放送を聞いていて、ラザーはその辺を勘違いしているのではないかと思った。知識の欠如でないことは分かっているが、そう聞こえるのだ。このような接近した選挙での中間得票や予測は、意味のない数字を出しているとも言える。

1時を過ぎるころ、上院の定員が共和党五〇、民主党五〇に真っ二つに割れそうだとの予測が入った。まことに、大統領選挙の方も開票が進めば進むほど、ゴアおよびブッシュに投票した人の単純合計の方は49％ずつに近づき、どちらと言い難い。

このころになると、普段ほとんど言い間違えることのないラザーが、よくトチるようになった。出ずっぱりのラザーはかなり疲れてきた様子で、出演者の発言を斟酌して自分のものにしていく能力が弱ってきたのではないか、との印象を私はもった。

CBSスタジオ全体の調子としては、三人の選挙担当者たちがゴアにもチャンスがあることをより強調している。エド・ブラッドレーは「不在者票がたくさんあるので、それを待たないと決せられない。われわれは今夜、寝られない」と言い、ボブ・シーファーは「この時点では誰も予測できない」ことを強調した。レスリー・ストールも同様の意見だ。「視聴者の皆さんはもうベッドに行った方が良いかもしれない」。そんな中で、アンカーのラザーの発言はよりブッシュ当選に傾いていた。

　フロリダの行方が全体を決することは誰の目にも明らかになっていた。エド・ブラッドレーが言った。「でも、フロリダは不在票が三万三〇〇〇票もあるのだから、それが到着するまであと一〇日ほど待たなければ、大統領は決められないかもしれない」。するとダン・ラザーが「そんなこと言わないで」とさえぎったのだった。

　2時17分ごろ、フロリダの97％の開票が終わり、「ブッシュ二七五万九二三二対ゴア二七〇万七七九八」の数字が画面に映し出された。次の瞬間、突然、断定的に「ブッシュが大統領に当選しました」と告げられた。正確にはその後、次の言葉が付け加えられた。「もし、ＣＢＳの判断が正しければ、ブッシュが当選することになるでしょう。アメリカの歴史の中でもっとも接戦だった今回の選挙、ブッシュが勝利しつつあります」。そして、画面にはおそらく用意しておいたものであろう、ブッシュの顔写真と２０００年選挙ブッシュ当選という文字がアイコンのように組み合わされて出てきた。

「ブッシュ当選」の大誤報を伝えるテレビ画面

　この瞬間、ほとんどの人はブッシュが当選したと思っただろう。これを見るために2時過ぎまで起きていた人も多いはずだ。だから、次の朝、起きてみたらまた情勢が変わっていることなど、ほとんどの人は予測できなかったに違いない。

実はこの同じ間違いを、多少の時間差はあるものの、他の局も揃ってしていた。一番早かったのはFOXの2時16分、次いでNBC／MSNBCの2時17分30秒、CBSは三番目で2時17分52秒、最後にABCの2時20分である。新聞もこの時点で号外を刷ったところもあり、人々にブッシュ当選を印象付けた。

これだけ揃ってブッシュの当選を告げれば、対立大統領候補のゴアでさえ、ブッシュ当選で決まりだと信じないわけにはいかない。事実、彼はそれを信じ、もはやこれまでとあきらめて、紳士的な候補者の証としてブッシュに当選を祝う電話をかけ、自分自身、公的に敗北を認めるために、先にも述べたように支持者たちの待つ広場へと向かったのである。

再びCBSのスタジオ。さっきまで「接戦だから決まるまでに当分時間がかかる」と言っていた人たちも、ひとたび、社の報道幹部で構成する当確決定チームが「ブッシュ当選」と決め、それを放送してしまったからには、それに添って内容を進めなければならない。ブッシュの勝因のひとつは、「キャンペーン中、彼が同じパーソナリティを持ちつづけたから」であろうとか、「彼の楽観主義が受け入れられたのではないか」など、推測を行なった。「〝正直さ〟だけはブッシュが勝っていたね」、などという発言もあった。ゴアに対しては「〝みんな（真面目過ぎる）アル・ゴアをリビングルームに入れたくはなかったのではないか〟という意見は説得力がある」などともコメントした。大統領といえばしばしばテレビに映る。生真面目なアル・ゴアでは息が詰まるという意味なのだろう。学者はゴアが当選するのではないかと予測していたのだけれど……などともつけ加えた。

ブッシュのお膝元、テキサス州オースティンではもうお祭り気分だった。「アメリカ・ザ・ビューティフル」を歌って当選を喜ぶ場面も出てきた。気になる映像としては〝Thanks Jeb〟という看板をもつ人がいた

愛読者カード

このたびは小社の本をお買上げ頂き、ありがとうございます。今後の企画の参考とさせて頂きますのでお手数ですが、ご記入の上お送り下さい。

書　名

本書についてのご感想をお聞かせ下さい。また、今後の出版物についてのご意見などを、お寄せください。

●購読注文書　ご注文日　年　月　日

書　名	冊　数

代金は本の発送の際、振替用紙を同封いたしますのでお支払い下さい。(3冊以上送料無料)

なお、御注文はＦＡＸ(03－3239－8272)でも受付けております。

郵便はがき

料金受取人払

神田局承認

4240

差出有効期間
平成15年2月
14日まで

101-8791

007

東京都千代田区西神田
2-7-6川合ビル

㈱花伝社 行

お名前《ふりがな》　　　　電話
ご住所（〒　　　） (送り先)

●新しい読者をご紹介ください。

お名前　　　　電話
ご住所（〒　　　）

ことである。単純に考えれば弟のフロリダ州知事ジェブが兄の為に頑張ってフロリダ票をまとめてくれた、というふうにとれる。しかし、後に分かるフロリダでの共和党のあくどい選挙運動と開票・集計を考えると、もっと深い意味にもとれる。とにかく、画面には〝ゴア二四九対ブッシュ二七一〟と選挙人団獲得数を繰り返し出して、ブッシュ当選を確認していた。

スタジオでは、当然この後ゴアの敗北宣言があるものとして、待っていた。しかし、ナッシュビルの会場にカメラを切り替えてみても、ゴアはなかなか出てこない。どうしてだろうと訝りながら、時間稼ぎにブッシュ政権のするべきことなど、先走った話も登場する。

そうこうするうちに3時になり、フロリダ州票の99％が開票された段階の数字が映し出された。ブッシュ二八八万六三二一対ゴア二八七万五二八二票。うわっ、縮まったと思う間もなく、また画面が変わり、二八八万七四二六対二八七万六六二〇となった。そして、最後には二八八万七四二六対二八八万六六二〇、何と、八〇六票差になってしまったのだ。これを見てボブ・シーファーは、「まだ三万三〇〇〇といわれる有権者の不在票を開けていないのだから、これではどちらが勝ったとは言えないのでは」と発言した。

ラザーは「私たちはゴアの敗北宣言を待っているところです」と、雨の中ナッシュビルの広場で立ちつくすゴア支持者たちの姿を映す画面を見ながら言った。「フロリダ票がこれだけ縮まったのを見ると、私たちの見積もりが間違っていたかもしれない……」。

そこへ、大統領選挙担当のエド・ブラッドレーがＡＰ配信の情報を持ってきた。「フロリダ票には六〇〇〇票程度の誤差があるかもしれない」というのだ。しかも、「未開票の中に、民主党の優勢がはっきりしている二郡が含まれている」「とすると、リードしている人が代わる可能性もでてくる」と。これには思わずストールとシーファーの二人は苦笑いせざるを得なかった。それを見てラザーは言った。「笑っている場合じゃない。これは大変なことなのだ」。そんなことは二人とも分かっていた。ダン・ラザーはこの時、本当に余裕を失っていたのだと思う。

気を取りなおしてラザーは言った。「ゴアは僅差になったことを聞いたのかもしれない。ゴアにはまだ勝機が残されている。先ほどの〝ブッシュ勝利宣言〟は取り消したい」。そして、フロリダ州務省のウェブサイトでは六二九票差になっていることを告げた。「それに」とボブ・シーファーは後を引き取った。「不在者票のうち一万票ぐらいは郵便で返ってきているはず。そして、これほど僅差の場合は当然、票を数えなおして再集計するべきだ」。

いろいろと不手際がつづき、とんでもない誤報の当確を出してはいるが、このあたりからのスタジオでの会話は、さすがに経験をつんだCBS記者たちの発言と思われるものもある。シーファーが「再集計」を早くも言い出しているし、次の見方もその後の展開を考えるとするどい。すなわち、ブラッドレーは「フロリダ州務長官のキャサリン・ハリス長官はバリバリの共和党員だ。彼女のオフィスでは今、へんてこりんなことが起こっているかもしれない」。ストール記者も「政治的圧力がかかって、誰かが票を操作することも考えられる」と。それに対しラザーは、「でも、アメリカの選挙は共和党でも民主党でも公正にすることで成り立っているのだから……」と歯止めをかけた。

あまりのことに、ラザーは視聴者に謝った。「夕方、早いころにフロリダはゴアが取ったといい、その後、ブッシュがフロリダを取って大統領になったといい、今また、どちらと決めるには票が近すぎる (too close to call) と言っている。視聴者のみなさんにあきれられてもしょうがない。でも、この選挙は本当に私の長いジャーナリスト経験でもかつてない、異常な状態なのです」。

現場からレポートが入った。「票が0・5％以下の場合は再集計することが州の法律で定められている。したがってこれは当然、再集計すべきだ。でも、今、フロリダでは異常なことが次々と起こっている。投票箱がなくなったり、票がどこかに消えたりしている」。

こう言っている間も画面の選挙人団獲得数は、「ゴア二四九対ブッシュ二七一」でとまっている。いかに現場もスタジオも混乱していたかが分かる。

そうしている間にやっと情報が入り、候補者W・ブッシュの親である元大統領のH・ブッシュが、「ゴアは敗北宣言を取り消した」と述べたことを伝えた。すなわち、これでこの夜の内には決着がつかないことだけがはっきりしたのである。画面の選挙人団獲得数も、フロリダを差し引いたゴア二四九対ブッシュ二四六に直された。また、一般投票の単純合計は、ゴア四七一七万〇五五九対ブッシュ四七一〇万一八三六となり、約七万票ほどゴアが上回っている結果が示された。

一方、フロリダとは別の接戦地、カリフォルニア、オレゴンなどの僅差の一部の選挙区では、州法にもとづいてすでに数えなおしを始めているところもあった。

こうして、集計ミス、当確の判断のミス、当確取り消し、スタジオのミスなどを重ねながら、混乱のうちに２０００年大統領選挙の開票の夜は更けていったのである。

2　ネットワーク報道の問題点

混乱の原因は、情報発信源、すなわち各州の投票・開票システムの問題と、報道機関の取材体制、判断および伝え方の問題に大きく分かれる。ここでは報道機関の側の問題を中心に取り上げて、その混乱の原因を追及してみたい。幸い、私が視聴していたＣＢＳでは、この選挙の混乱の責任を深く自覚して、自己検証の調査をしている。それは「２０００年選挙速報におけるＣＢＳのニュース報道――調査、分析、勧告」(*CBS News Coverage of Election Night 2000 Investigation, Analysis, Recommendations*, CBS, Jan. 2001)という形でまとめられている。以下の文で、事実関係についてはその記録を参考にしながら論を進めていく。

(1)　ＶＮＳ(Voter News Service)

各局そろって当確の誤報を出した原因を考えるとき、ＶＮＳの存在は見逃せない。ＶＮＳは一体、どのようにしてできた、どんな組織なのであろうか。

アメリカの報道機関、ことに速報をモットーとする放送と通信社は、大統領選挙のたびに膨大な出費に悩まされていた。たとえば、ニューハンプシャー州の共和・民主各党の予備選挙でさえ、各社が三〇〇台の電話を設置し、それぞれ人員配置をして情報収集をしなければならなかった。本選挙ともなれば、カリフォルニア州だけでも二万三〇〇〇の選挙区があり、各ネットワークが勝手に一部の選挙区で調査をして報道し、視聴者を混乱させることもあった。そこで、ＡＢＣ、ＣＢＳ、ＮＢＣのネットワーク三社、そして、ＡＰ(Associated Press)、ＵＰＩ (United Press International) の通信二社は、ＮＥＳ (News Election Service) を設立し、選挙放送でゆるやかな協力をすることになった。１９６４年のことである。

この体制はしばらくつづいたが、その後、誰に投票したかを投票所の出口のところで実際に有権者に聞くことで当選予測をする手法、いわゆる「出口調査」が普及してきた。その費用は今までと比べものにならないくらい大きく、経費はさらに膨らんでいった。

一方、放送ネットワーク局では80年代から経営陣に従来の放送とは違う種類の資本が入るようになり、ニュース部門だけがお金を湯水のように使うことは許されなくなってきた。ジャーナリズムが果たしている社会的機能よりも、企業としての採算の方が優先されるようになってきたのである。中でも以前からそういう共同機関の設立を要望してきたＮＢＣは、88年の選挙の後、自前の選挙本部を解散してしまった。

90年選挙の前になると、このような状況は各社に共通のものとなった。そこで、上記三大ネットワークと、80年以来報道機関として成長を遂げていたＣＮＮ、そして、ＡＰの五機関は、ＮＥＳとは別に、ＶＲＳ（Voter Research and Surveys）を設立した。これは、出口調査を共同で実施するための機関として設立されたものである。ＵＰＩはこの時点では以前のような勢いはなくなっており、参加していない。そして、永年、選挙ニュースには多大な人的および経済的投資をしてきたＣＢＳが中心となって、ＶＲＳが運営されるようになった。しかし、出口調査だけを行うＶＲＳでは放送局とのコミュニケーションがうまく取れなかった面があり、93年には前記64年以来のＮＥＳと出口調査のＶＲＳをいっしょにすることになり、ＶＮＳを設立することになったのである。

新しいＶＮＳには、三大ネットワーク、ＣＮＮ、ＡＰ、そして、新たに二四時間ニュースとして成長してきたＦＯＸニュースも参加し、共同機関として発足した。しかし、前身の二機関がそれぞれ違った役割、性質、社風だったため、組織としてうまくいかず、94年選挙にはデータの遅れなどが続出した。その後、ＮＥＳの豊富なデータ利用と調査員の教育などをへて、96年選挙にはＶＮＳも機能するようになり、98年には相当まとまってきた。２０００年の初めにテッド・サバグリオが専務理事になってからは、分散していたコンピュータを一つに統合して11月の選挙に備えた。でも、オフィススペースの関係で調査部門だけ別のフロアになっていたり、選挙当夜は世界貿易センターに陣取るスタッフがでたりして、連絡の悪さはいなめなかった。

VNSの構成は加盟六社から、それぞれ一人以上の代表がVNSの運営に送り込まれる形で、投票権は一社一票である。現在の評議会構成員のほとんどは選挙の専門家で、四人の代表者はデータ収集に関して豊富な経験をもち、選挙および投票調査を担当している。二人は89年のVRS設立時から評議員をし、一人はNESで永い経験をもっている。

最初のNESを作るときも、また、VRSを作るときも、そして、VNSとしてまとまるときも、コストが大きな要因であった。どれだけの費用を使えるかが出口調査のサンプルとなる選挙区の数を決定し、調査の内容をきめ、内部および外部とのコミュニケーションの早さをも決める要因になっている。

この合同部隊の最終目標は、一局でできることよりも良い仕事をすることである。出費に対する請求は平等でなければならず、予算案は満場一致で可決しなければならない。理論的にはVNS自身で必要コストを決定できることになっているが、実際には、出費が制限された中でそれを設定している。

(2) VNSと報道機関との関係

このような共同機関と各報道機関の関係は、投票の結果判定の場合、どうなっているのであろうか。90年と92年の選挙のとき、すべての当選判定はVRSが行い、各局は自分で判定しなかった。ただし、各局からの代表がその判定の場に参加していて、その結果を同時に局に伝えた。それをどのようなタイミングで放送するかは、局にまかされていた。しかし、94年、ABCニュースが競争を取り入れ、VNSや他の局が当選判定をする前に独自の判定規準で当選判定をするようになってから、CBSやNBCはABCの判定に遅れをとることをいさぎよしとしなくなる。そのため、VNSの判定は慎重過ぎるのではないかとの批判が出て、96年には他局も専門家をやとって独自の判定チームを作るようになった。

どのような選挙報道でも、急いで伝える場合に多少の混乱は避けられないが、今回の誤報はあまりにも大事な部分で起こっており、それも、フロリダのケースでは二回も誤報を繰り返し、さらに、一つの局だけならともかく、前に述べたように各局揃って誤報を出しているので、その原因を追究しておくことが必要だろう。その最も大きな原因はＶＮＳというものの存在と、ＶＮＳが今度の選挙で実施した調査と判断にあることが分かった。

出口調査

ＶＮＳの核である出口調査についてもう少し詳しくふれておこう。出口調査とは、選挙の投票を終えて出てきた人を投票所の出口でつかまえて、誰に、あるいは何に投票したかを聞き、各地の結果を集計して選挙結果を予測するための調査である。実際に行なった行為について聞くので、予定を聞く事前調査に比べ確度が高く、しかも、記憶が薄れないうちに聞けるので好都合である。投票所の選択が適切であれば、かなり代表性をもったサンプルが得られる。ここ一〇年前後の開票速報では、この手法による調査結果が主だった報道機関で用いられてきた。しかし、実際に投票所まで出向いて調査員が聞かなければならないことと、精度をあげるためにはより多くの投票所へ人を派遣しなければならないとすると莫大な費用がかかるのである。

たとえば、今回の選挙で焦点となったフロリダの場合はこうである。フロリダ全体では五八八五の選挙区があるが、その中の一二〇がサンプル選挙区として選ばれ、その中の四五ヵ所で実際に調査が行なわれた。投票を終えて出て来た人の中からランダム・サンプリングとして定められた方法で人を選び、質問項目に答えてもらったのである。

選挙当日、ＶＮＳのサンプルとして選択した選挙区からはデータが一日中コンピュータを通じて各放送局に送られていた。これは投票所が閉まる前に手に入れることのできた唯一の情報である。そして、その後、開票が始まった選挙区から順次情報が入ってくるようになっており、さらに後になると、郡単位、州単位のまとまった票が送られてくる。そして、それらの票と出口調査の結果とを参照しながら、さまざまな計算モデルを用いて当選の可能性を計算し、大統領選挙や知事選、下院、上院などの州ごとの当確を予測するのである。しかし、各州にはそれぞれ独自の特徴があるから、一つの方式ですべてが測れるわけではない。事情を勘案しながら判断が出されることはどこでも同じだ。

時には、投票所が閉まる前にＶＮＳが当確を出してしまうこともある。それは、出口調査で明らかに一人の候補者が一貫して得票を重ねてリードをつづけているような場合に限られる。ただし、先に述べたように、それを放送するかどうかは局の判断だし、また、ＶＮＳが公表しない段階でも、その局が独自の判断で予測当選者を公表することも自由にできる。あくまでもＶＮＳは資料の提供に徹する。そして、ネットワーク間の競争や微妙なプレッシャーもそのあたりに現れる。実際のところ、大統領選、上下両院選、州知事選など、州ごとの集計などをとりまぜて各局がそれぞれの判断で出した。最初に当確を出した局は、多い方から順に、ＣＢＳの一五、ＦＯＸの八、ＮＢＣの七、ＡＢＣの二である。

フロリダ「ゴア勝利」誤報とその原因

では、次に、問題のフロリダ情報はどのようにして出されたかを見ていこう。

いわゆる「フライパンの柄」と呼ばれるフロリダ州の半島部分は、東部時間の19時にほとんどの投票所が閉まった。その段階の出口調査の結果ではゴアはブッシュに6・6ポイントの差をつけていた。19時40分、

ＶＮＳのコンピュータはフロリダ大統領選挙について「当確状態」のサインを出した。それを受け各局が独自の調査や過去の経験にもとづいて「当確」を出すかどうかの検討を始めた。19時48分、ＮＢＣがゴア勝利を告げた。19時50分、ＣＢＳがつづいた。そして19時52分、ＶＮＳが正式に「ゴア勝利」を宣言した。

各局が独自の判断を加えていたにしろ、基本的な情報の提供がＶＮＳから出されたことは間違いない。では、なぜＶＮＳはここで読み違いをしたのだろうか。選挙後、ＶＮＳ自身が公表したミスの原因は次の四つである。

①不在者票の読み違い

選挙当日の投票者に比べ、不在者票は違う特性をもっている。そのことが計算上のモデルの中で正確にカウントすることを難しくした。また、モデルでは不在者票を7・2％としていたのに、実際はフロリダ全体の12％にのぼり、不在者投票数の増加に伴って誤算の可能性も増大した。モデルでは投票日に投票する人より22・4％多く共和党に行くと考えていたが、実際は23・7％多く共和党に行った。

②サンプリング・エラー

通常、出口調査の結果と、実際の投票との差は小さい。この誤差は、当初は通常の範囲内であったのが、終わりに近づくにつれ高くなった。実際の票が出た後で検討した結果、出口調査によるゴア票は州全体より高くなっていた。誤差が大きくなったのは、サンプリングのとり方に問題があったのではないか。

③過去の比較資料が不適切

ＶＮＳモデルが判断する上で大事な資料は、過去の投票結果一覧と当該の出口調査とを比較し、見積もりを出すことである。当夜は、98年のフロリダ知事選の資料を用いて比較を行なった。もし、96年大統領選や98年の上院選資料を用いていたならば、もっと正確な結果を予測できたかもしれない。

④当確を出すタイミングが悪かった

19時50分の時点では、出口調査と実際の票の両方が揃っていた選挙区は六つしかなかった。六例から判断すると、実際の票が出てきた段階で出口調査はゴアを2・8％過大評価していることが分かった。マイアミとタンパではゴアが大きくリードしていると出口調査結果には出ていたが、19時50分には両地域の実際の票はまだ出ておらず、出口調査のゆがみを是正する資料はなかった。

しかし、調査以外の基本的なミスを、筆者は第五の原因として付け加えたい。彼らが指摘したミスが専門的なミスであるのに比べ、これは実に単純であり、人間のすることの不確かさを再確認させるものである。

⑤VNS入力ミス

20時ごろまでにVNSも加盟社のほとんどもゴアがフロリダで勝利したと報じ、それを信じていた。21時ごろにCBSの判定チームの一人が実際の票の動きを見ていて、ブッシュがリードしていることに気がついて、VNSに注意を促した。そこで初めて、VNS本部内でデュバル郡のデータ打ち込みの際、ブッシュに行くべき票をゴアに打ち込んでしまっていることに気づいた。そのままだとゴアは同郡の98％を獲得したことになってしまうが、実際は41％だった。21時38分、ゴアは約四万票を差し引かれ、それがそのままブッシュに行った。CBSは22時にフロリダにおけるゴア勝利を撤回、VNSも22時16分に撤回した。

「ブッシュ、大統領に」の誤報とその原因

選挙開票当夜のもう一つのミス、さらに致命的なミスは、深夜になってからやってきた。

1時43分ごろ、CBSの大統領選担当のエド・ブラッドレー記者は、フロリダ票の点検をしていた。民主党優勢の郡、デード郡とブロウォード郡の票がまだ集まっていないことが気になっていた。「ブッシュが三万八〇〇〇票リードしているけど、まだ5％に相当する二七万票分は分かっていない。大きな塊が残っている」。彼は、AP通信から入るデータや、フロリダに派遣しているバイロン・ピッツ記者からも情報を得ようとした。ピッツ記者のいるフロリダの郡では、今まさに開票におおわらわであり、その中には民主党票が優勢と見られる郡もたくさん含まれていたのである。

2時を過ぎるころ、CBS当確決定チームはVNSデータにより、フロリダでブッシュが二万九〇〇〇票リードしていることを確認した。2時9分、VNSはヴォルシア郡一七二の投票所のうち一七一が集計できたところで、同郡の票を追加した。実はこの票こそ誤報を生じる大きな原因の一つになったのだ。ゴアに行くべき一万票が誤ってブッシュに行った、すなわちここで両者の間にさらなる二万票の差が生まれてしまった。その結果、ブッシュは約五万一〇〇〇票の差をゴアにつけたように表示された。2時10分、CBS当確決定チームは真剣にブッシュ勝利を告げるかどうかの検討に入った。97％の開票は終わり、五五七万五七三〇票がすでに数えられている。ブッシュは五万一四三三票リードしている。統計分析の専門家によれば、その場合、三万票差が勝敗の分かれ目になるという。

2時16分、FOXがフロリダはブッシュが取ったと告げた。NBCがそれにつづいた。その時、CBSスタジオでは、ダン・ラザーとエド・ブラッドレーが、「まだ不在者票が開かれていないし、ヴォルシア郡のデートナには潜在票がたくさんある」と話し合っていた。2時17分、CBS当確決定チームは「フロリダでブッシュ勝利」を決断した。ラザーはそれをうけて直ちに「ブッシュが大統領に当選」と、視聴者に向かって告げたのであった。

さて、話を五分だけ前に戻し、VNSから離れてAP通信の情報に注目してみよう。2時12分、VNSの加盟社ではあるが、それとは別に同社が過去から蓄積している方法で集計を行っていたAP通信は、フロリ

（表１）2000 年大統領選におけるブッシュのゴアに対する票差

11月８日	VNS発表	AP調査	備　考
２時05分	29,386		
２時09分	51,000（約）		
２時10分	51,433		
２時12分		47,854	
２時16分		30,000（約）	ヴォルシア郡の票の訂正
２時40分	55,537		
２時47分		13,934	
２時51分	39,606		ヴォルシア郡の票の訂正
２時52分		11,090	
２時55分	9,163		パームビーチ郡の票が出る
４時10分	1,831		再集計前の確定した票差

ダ州における両人の得票差が四万七八五四に縮まったことを示した。さらに、２時16分、ブッシュの票は約一万七〇〇〇票落ちて、票差は約三万票まで接近した。この大量の一万七〇〇〇票急落というのは、ヴォルシア郡が票入力の間違いに気づき、訂正されたことが主な原因だった。しかし、ＶＮＳはそれに気づかず、訂正しなかった。また、ＣＢＳの当確決定チームはＶＮＳのみに注目し、悪いことに、ＡＰの情報もチェックしていなければ、自分の会社のベテラン記者、ブラッドレーの話さえ聞いていなかった。もしどちらかでも参考にしていれば、この時点での「ブッシュ勝利」宣言を回避できたかもしれない。

ここで、その後の推移も含め、フロリダ大統領選挙に関して、ＶＮＳとＡＰが出した、ブッシュとゴアの票差を記録しておこう（表1）。

ＣＢＳの場合、当確決定チームはＶＮＳの出したデータを九〇秒間検討した。ジャーナリストは常々、一つの情報源からでは確定できないとして、裏づけをとることをデスクから言われる。当確決定チームのメンバーはデスクよりずっと上のベテランで構成されているが、このとき彼らは何をチェックしたのだろうか。もしＡＰの資料をチェックしていれば、六〇秒の差で「ブッシュに決定」と言わなくてすんだし、現地フロリダに派遣している記者やスタジオにいる大統領選責任者のブラッドレー記者に確認すれば、この大誤報は回避できた可能性はある。インターネット情報でチェックすることもできたであろう。CBS当確チームは、当確を出すことをあせっていたのかもしれない。

いずれにしても、票差が0・5％以下の場合再集計になるということを、この時点で見通し、どちらも当選していないことをテレビが確認していれば、この選挙の公正さはもっと保たれたに違いない。ここで「ブッシュ勝利」と宣言してしまったことが、ゴア当選の芽を摘み、ブッシュに味方する結果につながったと見ることができる。

パームビーチ郡の票が公表され票差が縮まった3時、ラザーはまだ視聴者にこんなふうにいっている。「わたしたちのところへ、まだゴアからも、勝利者のブッシュからも声が入らない。もう間もなく声がきけることを期待しています」。コンサルタントの一人が3時10分になって当確決定デスクにブッシュ票の急落を告げ、彼らは驚いて再検討に入る。この時点でもVNSからは急落について何の説明もなかった。

上院・下院・知事選の結果を伝えて時間を稼ぎながらも、気持ちはゴアの敗北宣言を待っていたのがスタジオの雰囲気だったと思うが、ラザーが当たった読みもしている。「もし、ここでゴアが〝敗北宣言なんかしないよ、だって票が近すぎるんだもの。だれかそこに行って票を数えなおしてほしいな〟と言ったとしても、驚きはしないでしょう」。

3時40分、ゴアの選挙対策本部長ウィリアム・デイリーからCBS社長に電話がかかってくる。ブッシュ票が次第に減少していることに気づいているか、そして、ブッシュ当選のアナウンスを引っ込める気はないか、と。スタジオでは「今やどういう情勢になっているか誰もわからなくなりました。フロリダ州が『未定』のカテゴリーに逆戻りするかどうか説明が必要でしょう」とか「ゴアのキャンペーン本部では敗北宣言を取り消すと、ロイターが伝えています」などとやっている。

こうしたやり取りを聞きながら、ブッシュのリードがさらに落ち込むのを見届けたCBSニュースのヘイワード社長は、「CBSニュースはブッシュの当選宣言を撤回する」ことを命令した。最後には、ブッシュとゴアの票差は一八三一まで縮まっていた。

(3) CBSにおける判断と誤報発生の原因

ここで、「ゴア、フロリダ制覇」「ブッシュ当選」誤報の問題点をまとめておこう。

①一つはフロリダでいくつもの票の数え間違いがあったことだ。これが最初はゴアに有利に、後ではブッシュに有利に間違えられ、二つの誤報を生んだ。この問題では、後に再集計が云々されたときの数々の不正や不当な取り扱いなど、さらに多くの問題を噴出させることになる。そのような背景があってさらに間違いが増幅されたのかもしれないが、とにかく、票の数え間違い、集計したものの加算の仕方、コンピュータ打ち込みの間違いなどが重なり合って、単純計算が違ってしまったことがある。

②次に、VNSの間違いが重なった。フロリダ票の誤りに気づかず進めていたり、自分のところでも入力ミスをしていた。しかし、調査機関として致命的だったのは、過去のデータ入力が適切でなかったこと、また、間違った開票結果が入ったときに、それを訂正する常識や事前調査に欠けていたことであろう。ここにこそプロの調査機関としての意味がある。ことにフロリダ州の過去のデータに98年知事選を用いたことを聞くと、素人でもどうして?と疑いたくなる。八年前にはH・ブッシュ対クリントンがあり、今回のW・ブッシュ対（クリントンの副大統領である）ゴアとは比較可能なものである。もちろん、経済・社会の八年間の

変化は大きいから、それを補正する形で96年大統領選挙、98年知事選挙などを用いるのは適切であろう。

さらに、サンプルの選択が悪いのか、代表性を必ずしももたない選挙区が出口調査の対象として選ばれていたり、選挙区の実際の票と出口調査の結果照合が不十分なままに、すでに報告のあった選挙区と同じと仮定して結論に導くなど、専門機関としては不十分なところがあった。ただ一つ良いところを見つけるとすれば、それは、ＶＮＳとしては一度も「ブッシュ勝利」とは宣言していないことである。その意味で、ＶＮＳデータの訂正の遅れには問題があったとしても、「ブッシュ勝利」宣言に関しては、放送局に責任がある。

③そのネットワーク局だが、ＣＢＳの当夜の内部の様子で述べたように、現場の記者に問題があったのではなく、上部機関である当確決定チームの判断に問題があったことが分かる。ジャーナリズムにとって基本的な「別のニュース・ソースに当たって確かめる」ことをしなかったために問題が起こった。

これとは逆に、ＡＰ通信の報道は評価できる。自分たちも一員として加盟はしていても、ＶＮＳに全面的にはよりかからず、永年蓄積した手法により票を集計し、判断をしていたのである。筆者の知り合いの元ＡＰ記者が冗談交じりに、「ＡＰは保守的なので、従来からの自分たちのやり方を変えない。また、基本的に他人を信用しないのだ」と言っていた。ここには、計算機だけを頼りにしないことと、自分の目で確かめた情報だけを信じる、というジャーナリスト精神が受け継がれている。

それに対し、テレビ放送ネットワーク局はどうであろうか。ラジオ時代から継続しているNBC、ＣＢＳ、ＡＢＣなどは、ジャーナリズムとしての歴史を積み重ねてきているはずである。ことにCBSは第二次大戦中、エド・マローを中心に的確な欧州情報を送って名をはせ、ベトナム報道ではそれまでのアメリカ政府の政策を変えさせるほどの力を示した。また、ＣＮＮは、ケーブルと衛星を利用して二四時間ニュース放送という新しい試みに成功し、二〇年の間にアメリカ国内だけでなくグローバルな報道機関としての信用を築いてきた。ことに湾岸戦争以来、その重要性は一段と認識され、今では地上波のネットワークニュースを脅かす存在である。

にもかかわらず、近年、これらの局は従来の力を失ったといわれる。それは、メディア業界再編成の波の中で、ジャーナリズム以外の大手資本に取り込まれたせいか、費用削減と利益優先の体質が目立ってきたこと無関係ではないと思う。それまでだったらライバルと手を組んで同じ情報を共有しようとは考えもしなかったに違いないが、VNSを設立し出口調査費用を倹約しようとしたとしか考えられない。

それでも、もしそれぞれの局がVNSだけに頼らず、すぐ手に入るAP情報や、フロリダ州務省のインターネット情報、その他、自社の取材陣が調査したさまざまな情報などで補充、あるいは確認をしていれば、少なくとも一、二のネットワークの誤報でとどまったかもしれない。すべての局がそれに頼りきったところに、最近の経営環境がじわじわと放送局におけるジャーナリストに変化をもたらし、それが今回の判断の仕方になって現れてきたと思わざるをえない。また、他社との競争の中で、早く当確を出すほうが優れているような気分にさせるプレッシャーがあったかもしれない。

いずれにしても、もし、全ネットワークそろっての「集団誤報」にならなければ、この問題は政治的に違った結果をもたらした可能性が高い。多チャンネルを誇るアメリカのテレビだが、視聴者からみた場合、今回の選挙では逆に情報源は減少し、ほとんど一つに収斂してしまった。そして、その一つが間違っていたためにドミノ式に集団で倒れていったのである。元が一つであることの恐ろしさを、まざまざと感じさせられたのが今度の選挙開票誤報であった。

④「当確」等、用語および分類上の問題点

情報源の問題とは別に、「実際の票の集計が終了して、当選が確定した」場合と、テレビ局が出口調査等のデータをもとに「当選を予測」した場合の言葉の区別がきちんとできてないということも、今度の反省点として浮かび上がってきた。このことについては、この放送を分析した外部研究者の報告があるので、それを引用しよう。

外部研究者の指摘

ＣＢＳ２０００年選挙放送の顧問として放送を注視し、放送後は誤報の原因究明に外部から協力したペンシルベニア大学アンネンバーグ・スクールのキャスリーン・ホール・ジェイミーソン教授は、次のような指摘をしている。

「CBS放送では、はじめのフロリダ当確を言う時は、『見積もり (estimate)』ということばが用いられていた。しかし、それはどんどん『すでに決まった (given)』に変えられていき、『見積もり』や『予測 (projection)』ではなくなっていった。重要なことは、最初の『ブッシュ、大統領に』の宣言は『見積もり』と放送されたが、それにつづく語りでは修飾語のようになったことだ、しかも、勝利の事実はすぐに『すでに決まった』ものとして放送された」(*CBS News Coverage of Election Night 2000 Investigation, Analysis, Recomendations*, CBS, Jan. 2001, p.45)。

ジェイミーソンはまた、ＣＢＳとＮＢＣ、ＡＢＣ、ＦＯＸの放送とを比較している。それによると他のネットワーク放送は、どの州を取ったかという宣言についてはＣＢＳよりも「見積もり」や「予測」であることを分かるようにしてあるとのことである。たとえば、ある候補者の「勝利」を告げるとき、ＡＢＣのピーター・ジェニングスは通常、そのことばのすぐ後に「これは予測です」とつけている。ＮＢＣはそれが予測であることを再確認し、画面上でもたとえば「大統領選挙　コネティカット州予測　八票の選挙人団　アル・ゴアが獲得」と出している。

その他、ジェイミーソンは、開票速報の中の細かいことばの言い回しや微妙なニュアンスのちがいにも注目し、政治家の偏向報道指摘への反論、あるいはアンカーの思い込みや偏った見方の可能性も指摘した。たとえば、最初のフロリダにおけるゴア勝利の誤報が共和党に有利に働いたか、逆に民主党に有利に働いたか、という点がそれである。環境を重視するラルフ・ネーダーの支持者たちは、オレゴン州、ワシントン州などの西部の州に多く、もともと民主党支持傾向の人たちだった。しかし、ゴアの環境政策にも満足していないので、当選が難しいことは承知で勢力を確保するために「緑の党」を結成した。ゴア票はネーダーの立候補により大分食われたと見られている。投票継続中の西部で、東部開票の結果報道がどのような影響を与えたか、という問題である。

共和党は、ネーダーが大統領に当選しないことは明らかなので、ゴアに近い彼らは接戦ならばゴアにシフトする可能性があった、という。民主党の人たちは、「ゴア、フロリダで勝利」と出たために、彼が大統領に当選するとみて投票に行かなくなったり、ゴアかネーダーか迷っていた人たちがネーダーに決めた可能性がある、というのである。

これに対してジェイミーソンは、CBS放送を検証した結果、こう述べた。これで選挙が終わったとアンカーたちが言ったわけではなく、むしろ、ゴアにも勝つチャンスがあることを述べ、レースは接近していることを予測していた。この情報に接した西部地域の共和党、および民主党の支持者たちは、自分の一票が選挙結果に影響を与えるかもしれないと考え、投票に行く動機づけになったのではないか、としている。実際、ラザーは放送中、何度も投票に行くよう、呼びかけている。

また、CBSと他のネットワークの違いについてこう指摘する。ダン・ラザーはテネシー州で勝つことがゴア大統領実現の必須の条件だと思い込んでいたのではないか。それに対し、他のネットワークは、「鉄の三角地帯（trifecta）」として、フロリダ、ペンシルベニア、ミシガンの三州を制したものが大統領になると予測を立てていた。この「地元のテネシーで負けることは大統領選に負けること」という思い込みが、振りかえってみると、ラザーの言い方をその方向に持っていったのではないか。そして、フロリダ州がゴアの獲得州から取り除かれてからは、ＣＢＳはブッシュ有利とみて、ブッシュ勝利の予想が少しずつスタジオ内に広がっていったのではないか、としている。ただし、筆者の観察では、前に述べたように、ラザーおよび当確決定チームについてはそれが言えるかもしれないが、少なくともスタジオに出演していた他の三人の記者は、そうではなかったと思う。ジェイミーソンによれば、「ゴア、フロリダ獲得」の報で、ＮＢＣとＡＢＣは記者やアンカーたちに、ブッシュ有利の見方を縮小するように指導した。ＣＢＳはこのパターンは踏まなかったという。

彼女は、選挙キャンペーン中の報道もブッシュ有利の枠組みをつくるのに影響を及ぼしているかもしれないとも指摘する。接戦ではあったが、世論調査は常にブッシュが少しゴアをリードしていた。選挙戦の最後の週に、ブッシュが民主党有利とされていたニュージャージーやカリフォルニア州にまで出かけていったことは、ブッシュ有利の見方を再強化するものであった。

フロリダにおける接近状況をみて、どちらが勝つかというよりも、「再集計」が必要であることに言及したかどうかは、公平で知的な放送を求める上で重要である。それについては、ＡＢＣ放送のマーク・ハルペリン記者が4時1分に、「フロリダ州法は二人の候補者の票差が1％の半分以下であれば、自動的に再集計することを求めている」と述べたのが最初だとしている。ＣＢＳとＮＢＣは、ゴア選挙対策本部長のウィリアム・デイリーの指摘があってから、フロリダ州法のもとでは票差によっては自動的に再集計になることを告げている、としている。

問題なのは、誤報問題が起こるまでVNSについて言及したネットワークはなく、あたかもそれぞれのネットワーク局が別々に出口調査をしているかのような幻想を視聴者に与えていたことである。出口調査についても、また、VNSについても何ら説明がなければ、五つのネットワークが「ブッシュ勝利」と告げたとき、視聴者がどの調査でもそういう結果となったとの印象をもつのは避けられないことであった。

また、CBSの場合、予測がうまく行っているときは、すべてCBSの責任においてなされたように印象づけ、フロリダでゴアをはずしてからは、データとコンピュータのせいにしていた。ジェイミーソンは放送全体として「私たちが当確を誤ったときは、それはどの局もやったことだ。もし、正確に言い当てたときは、私たちが一番早かった」と、言っているような印象だ、と批判している。

ここで、ジェイミーソンのCBSについての総括をまとめておこう。

良かった点としては、

・ほとんどの当確は正確に打った
・まだ投票中の地域の人に、投票に行くよう何度も呼びかけた
・地図上でまだ投票所が開いている地域を示した
・″三角地帯″″三強″などの言葉を用いて、他の地域の人を落胆させなかった
・不在者投票についての誤った情報を訂正した
・夕方の早い段階で、視聴者に対し投票の合計数には余りこだわらない方が良いと注意を促していた

改善が必要とされることとしては、

・州ごとの結果を出すプロセスを早くから何回もはっきりと説明すべきだった

・すべての票を数え終わるまでは、「予測」とか「見積もり」ということばを使うべきである
・「票差が少な過ぎるので、勝者を決定できない」場合と、「どのくらい近いか情報がないので、勝者を決定できない」を区別した方がよい
・（フロリダ州における再集計など）背景となる必要情報を早くから伝えるべきである

をあげている。そのほか、ウェブサイトで詳しく説明すること、ウェブサイトでも同じ用語を用いて説明すること、VNSと同様APやウェブサイト情報にも注意を払う、州ごとの選挙関連法律集を作って備える、なども勧告している。大事なことでは、記者やアンカーが予測する勝利者イメージが放送全体の見方を形成するので、これには抵抗があること、そして、選挙運動中の誰が勝ちそうだというような情報も、まったく使わないわけにはいかないとしても、思慮分別のある使い方を希望している。

このような、外部研究者に依頼して報道を振り返ることは、自分たちでは見落としがちな問題点を指摘できて、有益なことだと思う。自己点検、視聴者からの意見とともに、客観的かつ論理的な問題提起として、改善のために活用すべきであろう。

ここで筆者がつけ加えたいことがもうひとつある。それは、多大な出費を強いられる出口調査が本当に必要かどうか、そして、大多数の選挙においては、ほんの数時間後に実際の票の集計結果が出るのに、ときには誤報まで出す恐れのある予測報道が必要かどうか、ということである。インターネット投票等が可能になり集計が容易になれば、いっそうこの問題は考えねばならなくなるだろう。

Ⅱ　２０００年米大統領選挙キャンペーン

1　予備選挙

アメリカ大統領選挙は四年に一度行なわれる。仮に大統領が死亡した場合は、１９４７年大統領継承法(Presidential Succession Act)により、副大統領を筆頭に、下院議長、国務長官など、それを継承する人の順位がずらりと並べられているので、大統領を再選出するために臨時の選挙を行うことはない。西暦の年数が四で割れる年に行なわれるのでオリンピックと同じ年になる。アメリカの大統領選挙は、連邦選挙委員会（ＦＥＣ）が実施する「予備選挙」から始まる。

同委員会ホームページによれば、西暦２０００年の予備選挙は四二州とコロンビア特別区、プエルトリコで行なわれ、合計三六〇〇万人以上の人が投票したという。アイオワやノースダコタ、グアムやバージンアイランドのように候補者の選出を州や地域の幹部会に任せるところもある。投票で決める所でも、州や地域それぞれが違う規則を作って選挙を実施しているのであった。これは、アメリカの地域主義の現れである。

予備選挙の投票の仕方は大別して五種類ある。政党に属するかどうか、それをどう扱うかが、選挙方法を多様にしている。「網羅型」では、投票に行った人は、党派に関わらずすべての候補者の名前が書かれている用紙をもらい、それにマークをして投票する。「閉鎖型」は、投票者があらかじめ支持する政党を登録しておき、登録政党用の投票用紙を受け取って投票する。「独立閉鎖型」はその変形。「公開宣言型」は投票日にその場で自分の政党を言い、その用紙を受け取る。そして、「公開選択型」は、投票ブースの中で政党を選択し意中の候補者にマークする、などとなっている。したがって、自分が居住する州の方法を確かめておかないと、投票しそこなう恐れがある。

このズサンとも自由ともいえる規則の中で、候補者たちはふるいにかけられていく。まちまちな投票日は連邦選挙委員会によってあらかじめ公表される。２０００年選挙の最初はアイオワの幹部会の1月24日、もっと詳しく言えば１９９９年11月14日にプエルトリコで始まるが、一般には2月1日のニューハンプシャー州からメディアでよく報道され、延々国中を回り9月までつづけられる。

州の実例を見てみよう。3月7日に行なわれたカリフォルニアの予備選挙。投票者はあらかじめ登録しておいた党の投票用紙をもらい、適当と思う候補者のところをマークする。この時、民主党はゴアが約二一六万票、ブラッドレーが四八万票、ラルーチェが一万六〇〇〇票獲得している。すなわち、この3月の段階で、ブラッドレー候補は有力な民主党の大統領候補の一人であった。彼は格調高い選挙運動をうたい、ライバルの個人攻撃を避けたために選挙指名争いでゴアに大敗したとも言われている。

一方、共和党はブッシュ一七三万票、マッケイン九九万票、ケーエス一一万票で、その他三候補がこれにつづいた。マッケイン候補の健闘が窺える。そして、緑の党の候補者は、二万三〇〇〇票とったラルフ・ネーダーだけでなく、この段階ではコーベル候補も約二〇〇〇票獲得している。

これを見ても分かるとおり、この予備選挙では各党における候補者の中身がはっきりして、横並びですべての候補者の人気が分かるし、その州でどの党が優勢かもある程度推測できる。メディアでは、各党で誰がその州を取ったかに焦点が絞られるが、それだけではない。もちろん本選ほど多くの人が参加しないし、候補を絞った後では票の移動があるので、ここでの得票がすべてではないが、傾向はわかる。

出身州テネシーでゴアは大統領選に敗れたが、予備選挙での状況はどうだったか。民主党の中で、ゴアは一九万八二六四票でトップ、二位のブラッドレー候補の一万一三二三票を大きく離している。同じテネシー予備選挙結果でブッシュを見ると、一九万三一六六票を獲得しており、ゴアと大きな差はない。しかも、他の候補を含めた共和党の総得票は二五万七九一票で、民主党の総得票二一万五二〇三票を大きく上回っている。だから、本選でゴアがこの州で敗れることは十分予測できるのである。

しかし、メディアは、予備選挙は各党の候補者を絞るためのものと位置づけているので、その州の人々が個別に誰を支持しているかについてあまりふれない。メディアは自らがふれない結果、視聴者に正確な位置づけと情報を送らないだけでなく、自分もそれを利用しない結果に陥っている。

前年から予備選挙結果の見通しが出る夏ごろまで、約一年間にわたって候補者たちは党内の熾烈な指名獲得争いをする。このプロセスの極めてオープンであることが、政党と国民との乖離をなくす役割を果たしている。ボランティアとして選挙運動に参加し、政治を実感する若い人たちは多い。しかし、いつもそれが理想的に行なわれているとは限らないので、失望するチャンスも同時にあるのだが。その一例は後にＣＭのところで述べる。

もう一つ、この予備選挙の長い期間は、国民にとっては候補者を観察できる点で、また、候補者にとっては、指導者としての自分を鍛える点で、このうえなく良い機会である。一年も公の場で演説し、議論し、批判にさらされれば、おのずと大統領として必要な指導力、政策立案能力、討論能力、表現力のあるなしは分かる。また、候補者本人はその過程を通じて間違いなく成長する。もしそれを生きぬく精神力、知力、体力のない人たちは必然的に脱落していくのである。予備選挙は、政党にとっては、対立する党に勝てる候補者を選ぶ過程を公的に与えられるチャンスでもある。それは逐一テレビや新聞を通して報道されるから、透明性を確保でき、国民の関心を呼び起こす。

予備選挙のすべては終わっていないが大勢がわかる夏、政党は全国大会を実施して正式に党の大統領候補と副大統領候補を決定する。その模様はすべてテレビで中継される。

２０００年共和党大会は、７月29日から８月３日の間、フィラデルフィアのファースト・ユニオン・センターで開催された。それを取り巻くようにテント村が出現し、アメリカ全土ばかりでなく世界中の一万五〇〇〇人のジャーナリストたちが取材のために集まった。ジャーナリストたちはフィラデルフィアの高級レストラン出店の料理を味わう〝メディア・パーティ〟に出席するのをはじめ、フィラデルフィアの歴史をたどるツアーや、党の用意したさまざまなイベントに参加する。そしてもちろん、六日間にわたる共和党の全国大会の模様を中継し、それに解説を加える。

内容は、ジョン・マッケイン候補のブッシュ支持の演説、指名候補者ジョージ・W・ブッシュ夫人のローラ・ブッシュのスピーチ、湾岸戦争で人気が高まったコリン・パウエルのスピーチ、その他、エリザベス・ドール、コンドリーザ・ライスなど、一時期は党内ライバルであった人たちも交え、ブッシュ支持を表明す

大統領選の投票所。受付の横の床に投票箱が（オハイオ州アセンズ）

るさまざまな人々のスピーチがつづく。ここに出た人の幾人かは、ブッシュ大統領就任後、政権の重要な役職についている。副大統領候補の受諾演説、大統領候補の受諾演説で党大会はクライマックスに達する。この数日間の模様は、CNNやMSNBCなどの二四時間ニュース・チャンネルがほとんどすべてを生放送するし、ネットワーク局も主要な演説はすべて生中継する。主要人物の演説が東部時間で21時ごろから始まることが多いのは、東部で21時なら太平洋岸では18時ということになり、アメリカ本土全部が夕方の時間帯に入ることを考慮している。

民主党の2000年全国党大会は8月14日から17日の間、ロスアンゼルスで行なわれた。こちらも同様なプロセスで進められたが、いくつか記憶に残ることがあった。ひとつは、それまでゴアはクリントン大統領の影にかくれがちであったことを批判されていたので、「わたしは自立した一人の男として、今ここに立つ」と言って、自分を大きくアピールしたことである。

これまで、ゴアの立場は難しかった。大統領とモニカ・ルインスキーとのスキャンダルを、彼自身は唾棄すべきものと内心は思っても、クリントン政権の副大統領としてあいまいな態度を取らざるを得なかった。そこで選挙キャンペーンでは、徹底してクリントン大統領とは距離を置いた。副大統領候補には、民主党にありながらモニカ・スキャンダルでクリントンを非難したリーバーマンを選んだ。しかし、スキャンダルがあってもクリントン大統領は人気があり、彼の行くところ人もお金も集まるという現象が起こるのだが、その人気をゴアは利用できなかった。

もう一つ、彼は92年の予備選挙でクリントンと指名を争ったが、クリントン人気には勝てず副大統領に甘んじた経緯がある。今回、党の正式大統領候補の地位を獲得した。それがよほど嬉しかったのか、指名を受けた後、夫人を抱きしめとても長いキスを交わした。日本人からみれば、長くなくても多くの人前で個人的なキスをしなくても良さそうなものだと思うが、この彼の何十秒かにわたるキスは、アメリカ人でさえも鼻白んだと見えて、「彼の演説の内容は忘れても、この長いキスはテレビを見ていた人々の記憶に長く残るだろう」などと言われた。民主党大会の場合も共和党と同様に、もちろん、連日テレビ中継され、ロスアンゼルスという場所柄から、ハリウッドの有名スターもテレビに映し出されて、人々の人気を呼んだ。

テレビの放送効果については人々がさまざまに議論している。このように接近している選挙で両者の背景に著しく大きな違いは見とめられない場合、テレビへの出現頻度は影響があるかもしれない。まず7月末の共和党大会前からメディアはブッシュやや有利の世論調査結果をしばしば伝えていた。共和党全国大会の後の世論調査では、ブッシュ政権を支持する率がさらに上回った。しかし、8月中旬、民主党大会が行なわれゴアがテレビに映るチャンスが増えると、今度はゴア支持の声が盛り返し、新聞やテレビが行なう世論調査結果では、ゴアがブッシュを上回る数字となって表れた。あれだけ連日放送され、党大会で候補者の良いところを誉めあげる放送を聞いていると、「この人が良いかな」と思えてくる。ただ、冷静に考えれば、国内政策では細かい違いがたくさんあるから、それを意識している人は支持を変えないだろう。しかし、2、3％の違いがものをいう選挙では、それは結果を左右することにもつながる。しかし、アメリカでは本選挙までまだ三ヵ月あるので、それが投票行動に直結するとは思われない。むしろそれより、その間に行なわれる大統領候補同士の直接テレビ対決の方が影響力を持つだろう。

2　大統領候補テレビ討論

予備選挙を勝ちぬいて党の指名を受けた候補者たちは、いよいよ党を背負って戦うことになる。ここで、

2000年選挙では、現実的ではあるが平等でないことが公然と行なわれた。すなわち、この時点で大統領候補はブッシュとゴアのほかに、緑の党のネーダー他五人の候補が存在する。でも、それらは無視する形で、共和党と民主党の二大政党の候補者だけがテレビ討論に臨むことになったのである。

もっとも、それとは別に一般の番組ではネーダーを呼んで話を聞く場面もしばしばあった。ネーダーが当選しないことは彼自身も分かっている。そして、彼が立候補することでゴア票がかなりネーダーに流れ、接戦が予想される州ではゴアに不利に働くと思われる。ブッシュに比べゴアの方が環境政策に関しては理解ある態度を示している。それなのにあえて何故立候補するか……というものである。

それに対して彼は、ゴアの環境政策に満足していないからこそ自分は立候補する、立候補することで環境問題を訴えることができる、そして、この選挙で一定の得票（5％）を得られれば次の選挙で公党として政府の補助金を得られ、有利に選挙を展開できる、それが環境を重んじる地球の未来にとって大切なことだ……というのである。たしかに、彼が立候補していること自体、環境問題のアピールになり、彼がテレビで話す機会は圧倒的に増えた。ただ、ワシントン州とオレゴン州でかなりの得票をしたものの、政府の補助金を貰えるほどには得票できなかった。そして、致命的だったのは、多くの人が心配した通り、ゴア票と思われる一部の票がネーダーに行き、僅差の選挙でゴアは敗北したのである。

ネーダーらの意見は、二大政党の両候補への批判的コメントとして視聴者にフレッシュな視点を与えてくれたことは確かである。だからメディアが彼らを大統領討論の演者からはずしていることは、現状ではプラグマティックな対応ではあるが、将来的には柔軟性が必要とされるアメリカの政治を、現状に固定する役割を果たす可能性がある。

さて、アメリカ2000年大統領選挙の本命候補同士の対決は、三回にわたって行なわれた。司会は、商業放送ネットワークとは距離をおく公共放送ＰＢＳのニュース・アンカー、ジム・レーラー。そして、舞台のセッティングは三回それぞれ違うスタイルで行なわれた。これはメディア主催の討論だから、当然のことながら時間帯は重要な要素で、どれも東部時間21時、太平洋岸時間18時である。この時間帯は新聞にとっても翌日朝刊にほどよいとして受け入れられている。もう新聞はとうの昔に新しい情報を伝えることはあきらめ、解説的機能を重視している。インターネットも討論のフルテキストとともに、解説を加えたり、一般の人の意見を載せたりして、これに反応している。ラジオは生の放送と、後に主要部分を編集した形が多い。ラジオで人気を博しているアンカーは、さまざまな主観的意見を添えながら視聴者からの感想も引き出している。リスナーの中には解説者ばりのマニアもいて、〝リスナー〟の枠を飛び出している人もいる。

さて、第一回の大統領候補テレビ討論は10月3日、ボストンのマサチューセッツ大学で幕をきって落された。内容をじっくり聞いていると両者の政策の違いがはっきり分かって、有益である。ゴア、ブッシュ双方に平等に時間を与え、内容を整理しつつ進めるＰＢＳのジム・レーラーは、商業放送のアンカーに比べやや地味な感じだが、それだけにこういう時にはうってつけだ。

ブッシュの減税プランは金持ち優遇とするゴアの反論、女性の中絶の権利を擁護するゴアとそれに異を唱えるブッシュ、アラスカの石油開発を進めようとするブッシュに対し環境の観点から問題視するゴア、その他、社会保障、老人医療保険制度、選挙資金法改正問題なども、ことごとく論点の違いが明らかにされた。しかし、これらの問題は一部を除いてまったく正反対というわけではなく、実施することを前提にしながらその方法や度合いが違うといった方が正しいかもしれない。バルカン問題については、民主党のゴアのほうが継続的に派兵する立場をとり、共和党のブッシュが海外派兵には消極的という、本来のそれぞれの党の立場とは多少異なる態度を見せたのは、政権担当者とそうでないものの立場の違いであろうか。ブッシュの弱点は外交にあるといわれるが、この辺の認識の違いも明らかにされた。

全体として第一回討論は、議論ではゴアが勝ったといわれている。CNNと『USAトゥデイ』が討論直後に行なった世論調査によれば、アル・ゴア48%、ブッシュ41%という数字が出ている。ロイターとMSNBCの調査でもゴアがブッシュを5%上回る数字を示している。確かにテレビで視聴していて、ブッシュの方が細かいところであいまいであり、ゴアは細部まできちんと把握して発言していたと思う。また、政策の蓋然性についてもゴアの方が妥当性があると感じられた。この討論は二人とも舞台の上で立って、歩いて相手に近づいたり、聴衆に話しかけたりして行なわれた。この時の態度が、全体的な印象ではゴアがより攻撃的であり、ブッシュの方がやや人が良さそうに見えた。また、ブッシュの発言に対し、ゴアがその無知を嘆くかのように大きな溜息を何回もついたことは、感情的には必ずしもゴアに有利にはならなかったといわれる。さらに、ゴアのメーキャップが頬紅を塗りすぎていたことは明白で、この件は後までトークショーなどで笑いの種にされた。

この後、同じ週に副大統領候補の討論が挟まれた。彼らは対決するというよりは、お互いの声を聴きつつ話し合うという紳士的な雰囲気をかもし出し、両者の知性と人柄を浮き立たせるものだった。どちらが勝った負けたというよりは、むしろ両大統領候補よりも両副大統領候補の方がおだやかで信頼感があるという感じがした。でも、これは先頭に立って戦い責任をもつ大統領と、一歩さがってサポートする副大統領の立場の違いということが大きいであろう。

第二回の討論は、ノースカロライナ州のウェークフォリスト大学。今度は椅子に座って討論が行なわれた。前回の相手の話やその後の支持者や一般人の声を聞いたためであろうか、今回は、外交政策、人種問題、銃規制、同性結婚などの点で、両者の意見が微妙に近づいた。どちらも、特定の政策をあまりはっきり言って嫌われたくない、というところが出たようだ。この辺が公開討論し、それをもとに有権者の支持を得ることの重要さである。また、前回の対立的な雰囲気とは違って、今回は相手を立てながら議論するという態度がお互いに見られた。たとえば、中東政策やバルカン政策におけるクリントン＝ゴア政権の苦労をブッシュがねぎらい、その政策を認めたり、逆に前回のブッシュ攻撃の発言をゴアが撤回して謝ったり……、アメリカでよしとされる正直さ率直さを視聴者に印象づけようとしたものと思われる。この回の印象は、どちらも比較的リラックスした感じで、得点を比較するのはなかなか難しい。

投票にもっとも影響を与えることが予想される第三回討論は、10月17日、セントルイスのワシントン大学で行なわれた。討論の前に、その前日飛行機事故でなくなった、当地ミズーリ州知事のメル・カーナハン氏に黙祷をささげることから始まった。話が横道にそれるが、知事はすでに11月7日の選挙に立候補していたため、候補者としての資格は取り下げられなかった。彼のこの州における人気と信頼は抜群だったので、人々は死亡を承知で彼に投票した。このため、この州では死者が当選するという異常なことも起きたのである。

この日の討論スタイルは、一般の人々を会場に入れて聴衆に訴えかけつつ議論をするというもので、会場を自由に歩ける設定になっている。ゴアはこの日、上院議員や副大統領時代を通じての彼の長い国政関与の歴史を語り、自分こそが国政にもっとも通じた人間であることを強調した。それに対し国政経験のないブッシュは、テキサスにおける党派を超えた協力の実績と、ワシントンの硬直した政治を打破するリーダーとしての自分を売り込んだ。

また、大きな政府か小さな政府か、教育充実のための施策、健康保険の支払い問題、政治に対する哲学や姿勢といったものが議題としてあがった。その後で、会場の人から質問も受け付けた。質問に答える一方で、巧みに自分の田んぼに議論を引き込んで、ゴアはブッシュの減税政策がほんの1％の富裕な人々に奉仕するものだということを、最後の瞬間に強調しようとしたりした。教育問題では、どちらも、すべての子供に十分な教育を……という理念では変わりがないが、現実に実行に移す段階では、私立学校にも補助金を出そうとするブッシュと、公立の充実ですべての子供に良い教育を受けさせようとするゴアの政策の違いがあった。このような違いは議論の過程で明らかになった。

こういった言葉上の議論のほかに、この回の討論で印象に残ったことがある。それはブッシュが「患者の権利に関する全国法案」に賛成し、「テキサスでも民主党・共和党の両党を結び付けた」と言ったときに起こった。それを聞くとゴアは大股でブッシュに歩み寄り、「それなら何故、ミシガン州選出民主党議員ジョン・D・ディンゲルと、ジョージア州出身の共和党議員チャーリー・ノーウッドが共同で提出した「National Rights Bill」に反対したのか」と詰め寄った。これはまさに、舞台の上のそれぞれの空間領域を侵して相手に迫ったもので、第一回と同じく、ゴアの攻撃的な態度として印象付けられた。議論の上ではゴアが勝っており態度が堂々としていたと見る人がいる一方で、詰め寄る態度は、積極的なアメリカ人でもあまり好感を持たなかったといわれる。

この三回目の討論を終えて、人々はどちらの議論が有利と見たか。『ワシントンポスト』のホームページが伝えるところによれば、討論直後に行なった調査で、次のような答えを得ている。テレビ討論を見た人の三人に一人はほぼ同じと感じ、同じく三人に一人はわずかにゴア有利とみたという。ギャラップ調査では討論を見た人の間で、ゴア46％対ブッシュ44％という僅差でゴア有利と出ている。評価の中身をみると、ゴアの強みは議論の内容で、この点に関しては57％対33％と出た。しかし、ゴアが攻撃に出るところは56％の人が批判的にみている。一方、2対1の割合でブッシュの方が人が良さそうだとし、信ずるに足るとする人は52

%対41%、会場の人の質問に率直に答えていたのはブッシュのほうだとする人が多かった。

この最後のテレビ討論では、どちらとも「態度を決めていない」人々をスタジオに集めて、この討論を聞いて態度が決まったかどうかのインタビューをしていた。ABCによれば、第三回ではじめて無党派の有権者が47%対33%で民主党候補が勝ったとした。それまでは、どちらも41%で引き分けという判定だった。一方、CBSニュースの世論調査では、ゴアがブッシュに45%対40%と差をつけたという結果が出ている。同調査ではまた、これで議論下手といわれたブッシュのイメージが少し良くなったと言っている。すなわち「ブッシュが大統領の方がよい」とする人が36%に対し、「ブッシュ大統領はあまりよくない」という人25%、「ゴア大統領がよい」と思う人34%に対し、「ゴア大統領はあまりよくない」26%ということで、これも1~2%の差だったのである。

全体としてみて、討論評価とその結果の投票への態度はどちらとも言いがたく、『ワシントンポスト』が記すように「判定ができないほど近い」のである（*Washington Post*, Oct. 18, 2000）。

いろいろな結果がでてくると、それなりになるほどと思うところがある。しかし、根本に立ち戻って考えてみると、このような世論調査によってわたしたちは一体、何を得ようとしているのか疑問がわく。他人がどう思っているかについて知ることにどんな意味があるのだろうか。確かに他人がどう思っているかを知りたい欲求はある。では、それを知ってどうするのか。メディアの調査はそのような興味を満たすためのものであろうか。どちらがどの時点でどのように評価されているかを知ることによって私たちはどうするのか。それは投票行動には影響を与えるのであろうか。その辺の原点に立ち戻って、メディアが行なう世論調査というものについて、もういちど考えてみたいと思った。

3 選挙コマーシャル他

予備選挙の際の多数の候補者による選挙キャンペーンから始まり、民主・共和両党の全国大会、そして大統領候補のテレビ討論と、約一年をかけて選挙のための行事とそれを伝えるメディアの祭典がつづく。それらはニュース番組やニュース・マガジンあるいはドキュメンタリーなどの番組として放送され、候補者側にとってはパブリシティの一環ではあっても、直接的な金銭の授受はない。

しかし、選挙キャンペーンにはもう一つ、欠かせないジャンルがある。候補者自身や政党、あるいはその外郭団体による選挙コマーシャルである。スポット広告は候補者が自由に内容をコントロールでき、直接的に視聴者に働きかけられるものとして、キャンペーン全体の中でも重要な役割を果たしている。ただし、広告の対価をテレビ局に支払わなければならないので、相当な資金力を必要とする。

アメリカで選挙と広告が結びつくようになったのは、ウィリアム・ベントン上院議員が最初に政治広告を導入した1950年である。でも、それは道路やショッピングセンターのような人の集まるところで、自分の広告をスクリーンに映すような形で行なわれたという。テレビを使うことに発展したのは、ドゥワイト・D・アイゼンハワーとアドライ・スティーブンソンの間で争われた52年の選挙である。それ以来、テレビの選挙コマーシャルは大統領選挙に限らずさまざまな選挙で不可欠の要素となり、広告業界やメディアにとって大きな収入源となった。

スポット広告は同じ党内の対立候補を落とすための予備選挙の段階から始まる。2000年選挙ではブッシュ陣営が作った広告の作り方が問題になった。ブッシュ事務所のボランティア学生が、党内のライバルを倒すためのＣＭに駆り出された。「マッケイン上院議員の減税案は納税者のためにならない」とか、「フォーブス候補の広告は人を非難していて良くない」という街の人々の声を装ったものだ。自分の意見ではないものをしゃべらせられた彼女は、嫌気が差して選挙ボランティアを止め、それを人に話した。この「やらせ」問題はＡＢＣテレビが取り上げるところとなり、より多くの人に知られた。マッケインも負けてはおらず、「ブッシュ氏は事実を曲げて話す」と中傷している。同じ党内の指名争いでさえ、堂々とこのような手段が用いられているのは、予備選挙がすでに公的なもので、国民に開かれていることから生じる。首相候補を一部の政治家が密室できめたり、党大会での選挙といっても国会議員や県の代表に限定される自民党の総裁選とは著しく趣を異にするからである。

党の大統領候補が決まったあとは、対立する党の候補者との一騎打ちになる。日本では小泉純一郎首相以前は、「我が党の政策」と候補者自身がよく語り、聞き手も党の政策を問うことが多かったが、アメリカでは「党」ではなく、ほとんどが「ゴアの」あるいは「ブッシュの」政策という個人名で語られていた。それだけ大統領のリーダーシップは党よりも強く意識されているのだろう。しかし、候補者の政策は主としてニュース番組や討論番組の中で語られるので、ＣＭはいきおい相手を倒すための攻撃的なものに傾く。たとえば、共和党が作ったゴア非難のＣＭでは、今アメリカで全盛のクイズ番組形式を取り入れ、「たばこ業界を非難しつつも自分の農園でたばこ栽培をしていた偽善者は?」と問い、答えは「ゴア副大統領」という具合である。

このような単純な中傷広告は数々あるが、今回、大統領選挙では初めてという潜在意識に働きかける広告が現れた。アナウンサーはまず、ジョージ・Ｗ・ブッシュの健康保険政策を誉める。そして、ゴアの顔を画面に出しつつ、かれの政策を「官僚のやり方」とあざ笑う。この後である。普通に見ていれば見落とすものだが、よく見ると黒い背景の上に白く大きく「ねずみ（Rats）」という文字が、テレビ画面の中に一フレームだけ現れる(テレビ画面は一秒間三〇画面で構成されているので、三〇分の一秒にあたる)。つづいて、今度ははっきりと「ゴアの健康保険政策は官僚がつくったものです」とつづくのである。

共和党全国委員会のためにこのコマーシャルを作ったプロデューサー、アレックス・キャステラノスは、「この言葉が入ったのは偶然の出来事だ。私たちはそんなゲームの仕方はしないし、そんなにずる賢くない」と主張している(*New York Times*, Sep. 12, 2000)。が、彼がそのことばを初めて見つけたときどう思ったかと聞かれて、「これこそ自分が言いたかったことだ」と思ったともいう。テレビ技術の専門家たちにいわせれば、プロデューサーがそれを知らないなんてことはあり得ない。FCCでは潜在意識に働きかける広告を禁止はしていないが、人を欺くことを目的としたり公衆の利益に反したりすることは好ましくない、とする方針はある。

潜在意識に働きかける広告の問題は、最初に映画館でコーラ飲料画面をフィルムのコマの中に挟んで流したところ、売店のコーラが良く売れたことから始まった。テレビでは、74年に前年のクリスマス・シーズンのショッピング広告の中に「Get it」というコマが入っていたケースで、広告の適否が問題になった。大統領選挙のCMの中でこのようなことが明らかになったのは今回が初めてである。これが効果的かどうか、また、この種の広告によってどちらが得をしたかはわからないが、どう考えても上品なやり方ではない。

CMは資金が潤沢にないとできないので、両候補のキャンペーン本部では知恵を絞る。綿密な計画と臨機応変の対応の二本立てで、効果的な資金の投入が計られる。僅差で戦いをつづけている両候補の陣営では、州別に分析をし、最も僅差で競り合ってしかも選挙人の数の多い州に資金が投入された。フロリダ、ミシガン、ミズーリ、オハイオ、ペンシルベニアなどの諸州である。たとえば、9月最終週から10月第一週にかけて、両党合わせて一八五〇万ドルをスポットに投入したが、そのうち一四五〇万ドルはこれらの州に入ったとされている(*New York Times*, Internet, Oct. 17, 2000,“Campaigns Set a Brisk, Focused TV Pace”)。

民主党は共和党に比べ資金が少なかったので、特に、州毎に特定のテーマを絞ってCMを打った。重点州の一つフロリダでは、「二〇〇万トンの有毒化学物質がテキサスの水路に捨てられました。テキサス州におけるブッシュのこの前歴が、フロリダのエバーグレーズで起こることを想像してみてください」。エバーグレーズはフロリダ南部の貴重な自然の残る湿地で国立公園にも指定されているが、水の悪化が心配されている象徴的な土地である。このCMは人々の心を捉えたと見えて、共和党ではさっそくこれに対抗するCMを作らなければならなかった。

その他、アパラチア山中に貧困層が存在するウェストバージニアで、民主党は「ジョージ・W・ブッシュは最低賃金問題で何もしなかった。テキサスでは時給三ドル三五セントのまま」と非難している。ラルフ・ネーダーの支持者が多く、環境問題に敏感なワシントン州では「テキサスは水質汚染第三位にランクされている」と、汚染に関するスポットを打ち、ブッシュの環境への危険性を知らせようとした。

一方、共和党は、早い段階ではゴアが自分の業績を誇張する癖をやり玉にあげていた。後半ではゴアの財政政策を批判し、「アル・ゴアのプランはクリントン提案の三倍、それでは税金はたちどころに消え、また赤字に逆戻り」などとしている。印象に残っているのは、ブッシュがじっとこちらを見つめて、「私は人々に対し責任をもつ政府を信じます。これが私とライバルとの哲学の相違です。彼は政府を信じ、私はあなたを信じる」。

政策の違いを示しつつも相手を中傷しようとする広告では、たとえば、女性の性の自己決定権を擁護する民主党の方針を、胎児の生命だけに焦点をあてて、命を大切にしない政策として故意に曲げて解釈するようなものも見うけられた。

州別になると18時からのローカルニュースの周辺、19時から20時のローカル局が確保している時間帯、そして23時からのローカルニュースの時間帯が特に目立った。全体としてこのスポットに使われる選挙資金は一億六〇〇〇万ドルとも二億ドルともいわれている。相手が使えば、自分も使わざるをえないというのが実情のようだ。コマーシャルは放送頻度がものをいうとも言われる。その意味では資金が潤沢にある共和党が有利で、最終段階では共和党のスポットがたくさん入っていた。人々は中傷広告を非難するが、でも、繰り返しそれを言われると、自然に頭の中に刷りこまれるものらしい。この最終段階での集中スポット広告に効果があるという人は多い。

アリゾナ大学のケネディ准教授らは、テレビ広告六〇〇本を有権者九〇〇〇人の面接結果と照合して統計分析を行った。その結果、単なる公約広告より攻撃型の広告の方がはるかに有権者に記憶されやすいこと、特にどの政策で候補者が非難を浴びているかは、約二倍の確実さで伝わることが確認された。新顔候補にとっては短期間に知名度を高める効果があることも裏付けられた。オハイオ大学でジャーナリズムやマスコミュニケーションを専攻する同僚研究者たちの話では、２０００年キャンペーンにおけるCMは「個人的な中傷というよりは、調査した事実にもとづいて相手を非難しているので、質は悪くないのではないか」とのことであった。

テレビ放送でもう一つ忘れてはならないのは、風刺である。

実際の政治家の発言でも広告でも、あるいはテレビニュースの伝え方でも、おかしいものがあればすべてコメディアンの深夜のトークショーの題材になる。発言の言い換えギャグや形態模写、ビデオ編集による質問差し替えインタビュー、冷やかしなど、クラシックな方法からデジタル技術を駆使したものまで取り混ぜて、政治コメディを展開している。しまいには、トークショーを見ていれば、特色ある政治的できごとは総合的に分かるとさえ思えてきた。日本では政治パロディや政治漫談の類は衰退しているが、アメリカでは非常に盛んである。

一方、前回の選挙あたりから、インターネットがさかんに使われるようになった。候補者のホームページで人柄、政策、遊説日程などを知らせるのは基本的な部分。それに加え、ユーザーからの意見を聞くコーナー、Q&Aなどが充実してきた。また、ボランティア募集、献金募集などの実用的なコーナーが力を発揮してもいる。さらに、個人のホームページで候補者や政党への応援、批判、意見交換などの他に、パロディを掲載して多くの人に見られるものも出てきた。

今回はそれが一層進んだが、両候補とも相手候補の攻略を目的とした「インターネットを通じた説得」を試みたのが新しいかもしれない。インターネットらしく、そのサイトのアドレスからも内容が想像できる。たとえば〈www.iknowwhatyoudidnotintexas.com〉（私はテキサスであなたがしなかったことを知っている）では、「ビデオクリップを見てブッシュの問題つづきの記録を読もう」という記事を書いている。これは「民主党全国委員会攻撃サイト」と呼ばれるものの中にある。そのほか〈www.bush-cheney.net〉（ブッシュ・チェイニー・ネット）や、〈www.millionnairesforbush.com〉（ブッシュのための百万長者）というのもあった。

対する共和党は、共和党全国委員会委員長ジム・ニコルソンのサインで、「アル・ゴアが自分の業績を誇大宣伝している間に、これらの数字は健康・教育・税金に関して本当の真実を語ります」というようなe-mailを出している。また、〈www.gorewillsayanything.com〉（ゴアは何とでも言う）、〈www. gorereinvention convention.com〉（ゴアの〝再発明〟大会）などもある。ゴアの「インターネットを発明した」という失言をもじったものである。さらに共和党は、ゴア票を奪うべく緑の党のラルフ・ネーダーを支援するサイトまで作ったと言われている（*The Post*, Nov. 6, 2000）。

このほかに新聞・ラジオをはじめさまざまなメディアがそれぞれに使われているのはもちろんであるが、紙幅の都合でここでは省略する。

4 選挙における資金と候補者

選挙ＣＭに多大な資金が投入され、それが場合によっては大きな影響を与えることはすでに述べた。ここで、簡単に大統領選挙における資金と候補者に関してふれておきたい。

まず、大統領候補になるためには、経歴や能力で十分に資格があるだけでなく、資金を集められるという条件が大切である。その見込みのない人を党は候補として擁立しない。今回の共和党候補はその良い例である。99年の段階で共和党候補の中には、エリザベス・ドールの名があった。彼女は１９３６年生まれ、ハーバード大卒の63歳。レーガン政権で運輸長官、ブッシュ政権で労働長官を務め、クリントン政権の間はアメリカ赤十字の総裁を務めていた。上院共和党院内総務を務め96年の共和党副大統領候補だったボブ・ドールは、彼女の夫である。共和党は女性にはあまり人気がないが、史上はじめての女性大統領候補ということになれば、そして彼女の経歴なら女性の票も得られるのではないかとの予測もあった。しかし、ニューハンプシャー州の予備選挙がはじまる前の99年10月、出馬をとりやめている。その理由は明白で、大統領候補に必要な資金集めが十分にできないことが分かったからである。そのころ、ブッシュ候補の周辺ではさかんに資金集めがなされており、テキサスのオイルマネーのほかにも共和党の資金源の多くはブッシュ陣営によって押さえられ、彼女が行ったときにはすでに井戸は空っぽだったといわれる（*The Post*, Nov. 6, 2000）。

また、上院議員や知事など在職中の候補も有利といわれ、民主党の場合、副大統領を務めるゴアが有利であったのは論をまたない。もっとも民主的と思われる国民投票によってなされる大統領選挙は、候補者決定の前段階で資金源である会社や組織、大金持ちにその手綱を握られているし、そのお金で出される広告の影響を受けやすい人ならば、自分の投票行動までもそれに影響されることになる。しかし、せめて、自分の一票ぐらいはきちんと見極めて投じることが、民主主義的権利を行使するためには大切なことである。オハイオ大学の政治学専攻の教授は「お金が候補者を勝たせているのではないか？　彼が将来自分に有利に働くのでお金を出している企業があるのではないか？　ということを常に問いながら投票することが必要である」と述べている。

しかし、ブッシュがお金の力を背景に候補者になったと仮に有権者が理解しても、予備選挙前の段階で降りてしまっているエリザベス・ドールには誰も投票できないのである。

日本でも首相公選が叫ばれるようになった。今の鬱屈した状態を打破し、選択プロセスを透明にする上では、それは意味のあることだと思う。しかし、その際、資金力と政治力との関係をもう少し研究しないと、結局、今の自民党と同じ所に陥る可能性をもっている。清廉潔白で実力ある候補が当選しうるシステムを注意深く作る必要がある。

参考までに、11月6日までの各候補の資金集めの状況を記しておく（表

（表２）2000 年大統領候補者・資金一覧票

2000 年 11 月 6 日現在（単位：ドル）

候補者名	募金	政府からの資金	使用済み
ブッシュ	187,202,363	67,560,000	166,764,146
ゴア	133,113,452	83,016,084	99,848,724
ブキャナン	29,031,437	16,635,624	21,264,566
ネーダー	6,001,457	278,628	5,247,769
ブラウン	1,824,488	0	1,824,574

出所：www.opensecrets.org

2)。ブッシュ、ゴアの両候補は、選挙後このほかに再集計問題キャンペーンのための資金を再度募り、2000年選挙は史上最大の資金を使った大統領選となった。

5　家族総出のファミリービジネス

大統領候補テレビ討論の後は、候補者が直接有権者に働きかけるチャンスはぐっと減少する。彼らに残された最後の手段は、遊説で直接有権者に語り掛けることである。直接有権者に語り掛ける方法は、得票に結びつく可能性は大きいものの、この広い国土をくまなく回るのは至難の技だ。その時、「家族」の力が大きくものを言う。

「家族」と言った時、日本でもそうであるように意味がひとつではない。第一義的にはもちろん、血縁や婚姻で結ばれた家族である。もうひとつは、いわゆる「〇〇一家」と呼ばれるような同志的あるいは親分子分的に結ばれた人間関係である。

まず、前者での家族が日本とは比べものにならないくらい表に出て大活躍する。公式の席で配偶者が壇上に上がるのは当然になっている。今回もブッシュ夫人ローラはさまざまな場所に登場したが、彼女は伝統的な家庭の主婦役割を売りにして、きれいな服をそのたびに着替えて微笑みとともに現れた。それはある意味で、日本における皇室をイメージさせるものだった。ブッシュ夫人も控え目ながら必要なときには演説し、元教師で教育問題に関心の深い人として知られるようになった。ゴア夫人のティッパーは、パンツスーツが多く、夫を助けつつともに戦うイメージで、夫を支持する演説にも熱がこもった。ついでながら、上院選に立候補したヒラリー・ロッダム・クリントンの場合は、クリントン大統領が「上院議員候補の夫」として壇上にあがり、家族として応援をしている。離婚率の高いアメリカでは、今、家族の価値を再認識する、あるいは再認識させるための演出があちこちで繰りひろげられていて、政治家たちもそれを強調している観がある。

しかし、政治家にとって家族を露出することはイメージを上げるためだけではない。もっと実質的価値をもっている。たとえば、ゴアの場合は娘のカリーナ・ゴア・シフが積極的に選挙運動に参加し、キャンペーンの重要な役割をになったといわれる。一年以上もつづくキャンペーンを乗りきるには、なによりも候補者がリラックスして心身ともに健全な状態を保たなければならない。それにはこまかく気を配れる家族の存在は不可欠といわれる。そして、ゴアの場合は第二の家族「〇〇一家」的な要素は極めて少なかったから、気を許して語れる彼女がキャンペーンの中心にいたことは、候補者にとって大きな支えだった。夫人はもっと表に出る役割が多いので、キャンペーン本部は務まらないのである。

表に出る役割といえば、それこそ家族総出で有権者と接触の機会を増やしている。候補者本人はもっとも有効なところを回り、夫人や副大統領夫妻は次いで重要なところを回る。面白かったのは、わたしの住むオハイオ州アセンズにも一人の「家族」が来たことである。オハイオ州は選挙人数の多い接戦の州のひとつだから、首都のコロンバスをはじめ大きな都市には当然候補者本人がくる。わが町アセンズはオハイオ大学以外に何もなく、地元人口と学生人口をあわせて五万人ぐらいの小さな町だから、誰も来ないだろうと考えていた。ところが、来たのである。来たのは副大統領候補の娘、レベッカ・リーバーマン。テレビ討論の翌日に来て、現在の政治的課題について語り、学生たちに政治に関心を持つよう呼びかけた。彼女はここ二ヵ月ほどの間に一五大学のキャンパスを巡り、投票のもつ力、女性の性的自己決定権その他について語り、議論をしながら教育的な講演をしているという。直接的な選挙演説を避けながら、実際に議論をすることによってゴア／リーバーマン・キャンペーンの一角をなしているらしい。こうした態度はぎらぎらした選挙運動より学生たちからも好感をもって受け止められたようだった。

一方、ブッシュ候補の方は、何しろ親が八年前まで大統領で今も健在なのだから、それだけでも大変に有利。両親ともに全国に顔と名前を知られている。しかも、弟がフロリダ州知事で、いとこもそれぞれに共和党の有力な地位についている。これらの人々を繰り出して家族総出のキャンペーンを展開した。新聞やテレビにうつる風景でも、背景に父ブッシュの顔やそのほかの家族が映る。また、ローラ夫人の努力によってジョージ・Wが深酒の癖から立ち直ったことも大きく取り上げられた。彼女とはいつも手をつないで登場し、仲の良さを見せつけている。どれをとっても、それが演出かどうかはともかく、家族の絆が強調された。しかも、ブッシュの場合は第二の意味の家族も豊富に持っていて、共和党の熱烈支持者たちとも感情をも含めた付き合いをしている。いわゆる父親の友人のおじさん、おばさんだけでなく兄弟やいとこ、親戚の友だちまでを含めたブッシュ一家に支えられながら、選挙戦を展開した。選挙終了後の再集計問題でも、このブッシュ一家の力が如何なく発揮されたのは大勢の人の知る通りである。このあり方には、何やら日本の保守的な政党と似た色合いを感じた。

さらに、ブッシュもゴアもともに政治家の家庭の出身である。アル・ゴアの父は、大統領になれそうでなれなかった人。でも、アメリカ中に高速道路網を敷設して自動車輸送の重要性を高め、アメリカ経済の原動力となる基盤を築き上げた人として知られる。その息子のゴアは、自分は自動車ではなく情報のネットを形成するとしてインターネットに力を入れたことで有名だ。ただ、選挙戦の早い段階で「自分がインターネットを発明した」と発言して人々の顰蹙《ひんしゅく》を買い、かえって失点につながったことは前に述べた。その発言で、せっかく彼が政治家としてインターネットの基盤整備に努力し、アメリカを世界一のネット王国に育てた功績もふいになってしまった。

いずれにしても、親子二代にわたってアメリカの経済基盤の整備を推進した有名な政治一家であることは間違いない。言いかえれば彼は「家業」の政治というビジネスを引き継いでいる。そして、親がなれなかった悲願の大統領職に、少なくとも今回は不運が重なりなれなかった。しかし、まだ若いので、2004年、2008年にも芽を残している。

そして、もちろん、先に述べたようにジョージ・W・ブッシュは親子二代の大統領であり、そのほかにも一家に知事をはじめさまざまな政治的要職についている人を輩出している。彼らも家業を引き継ぎ、各地に政治ビジネスを拡大しており、今やアメリカ民主主義も世襲になったかと思うほどの盛況である。ケネディ家のような伝説や華やかさにはつつまれていないが、プラクティカルでビジネスライクなところが、21世紀型の政治王国なのかもしれない。

Ⅲ　投票の実態と集計トラブル

1　投票の実態

アメリカの選挙風景は、自治体によって千差万別である。きびしい雰囲気のものから極めてのどかなものまであり、とても一口には語れない。まず、のどかな例として、筆者の住んでいた町の選挙の紹介から始めよう。

オハイオ州は、ペンシルベニア、ウェストバージニア州の西にあり、北は五大湖のひとつエリー湖に面している。クリーブランドなど工業地帯のある都市部では、比較的民主党支持が多い。それ以外には農業地帯がひろがり、比較的共和党支持が多い。かつては石炭などの鉱業もさかんだったが、今は廃れた。州人口が一〇〇〇万を超え、多様な要素を含んでいるので、政治的にも重要なポイントのひとつである。

その南東部にある小さな街アセンズ市の投票所を見学してきた。アセンズはオハイオ大学を中心とした典型的な大学町で、学生たちは、学生センターの中に臨時に設けられた投票所へ足を運ぶ。入り口で、「日本からこの大学にきているが、選挙の様子を写真に撮ってもいいか」と訊ねると、すぐにOKが出た。さして広くない部屋の中で、投票者たちとぶつかりあうようにしながら写真を撮りつつ観察をした。

学生たちは投票所の入り口で身分証明書を示し、台帳でチェックされてコンピュータのパンチカードのような投票用紙をもらう。空いているブースに行って、用紙に書かれている候補者の名前のところにパンチを入れる。これが大統領だけなら簡単だが、上下両院議員や州の公職にも投票するので、どの役職には誰と前もって調べておく必要がある。投票箱は受付の人の隣の床にさりげなく置かれていて無防備。私のような者がいつでも余分な札をいれることができそうだった。選挙後、フロリダ州などで開票集計問題が起こったとき、このときの観察から何故そんなことが起こるかある程度理解できた。また、テレビで別の州の学生が「自分は四回も投票できた」と言っていたが、これは選挙人名簿の台帳がないところで、運転免許証や社会保障番号だけで入れる投票所だったと思われる。

アセンズの町方の投票所へ行ってみた。日本と同じように小学校の体育館が使われていた。しかし、学校の入り口には立て看板などはなく、小さな紙が投票所であることを示していた。体育館の入り口で写真を撮る許可を求めると、ここでもすぐにＯＫがでた。場所はこちらの方が広々としており、不正はしにくいがアット・ホームな雰囲気も同時にただよっていた。その理由の一つは、受付横で手作りクッキーを売っていたことだろう。

これに対して、厳しい状況下で行なわれた選挙には次のようなものがある。それは私が直接見たものではなく、メディアで伝えられたり人から直接取材したりして得た情報である。たとえば、フロリダ州のある都市では、投票所のあるブロックの角ごとに警察の装甲車が出ている。口頭で検問のようなものを受け、投票所の建物に入る。受付には選挙人名簿が置いてあり、持参した社会保障カード、あるいは運転免許証などのように、写真つきで公に発行されたもので本人確認を行なう。この場合でも、選挙人名簿に自分の名前が記載されていないと投票できない。アメリカには日本のような戸籍制度がないうえ、住民の移動がはげしいのできちんと届け出ていない人が意外に多い。そこで、投票所に行って初めて自分の名前が記載されていない

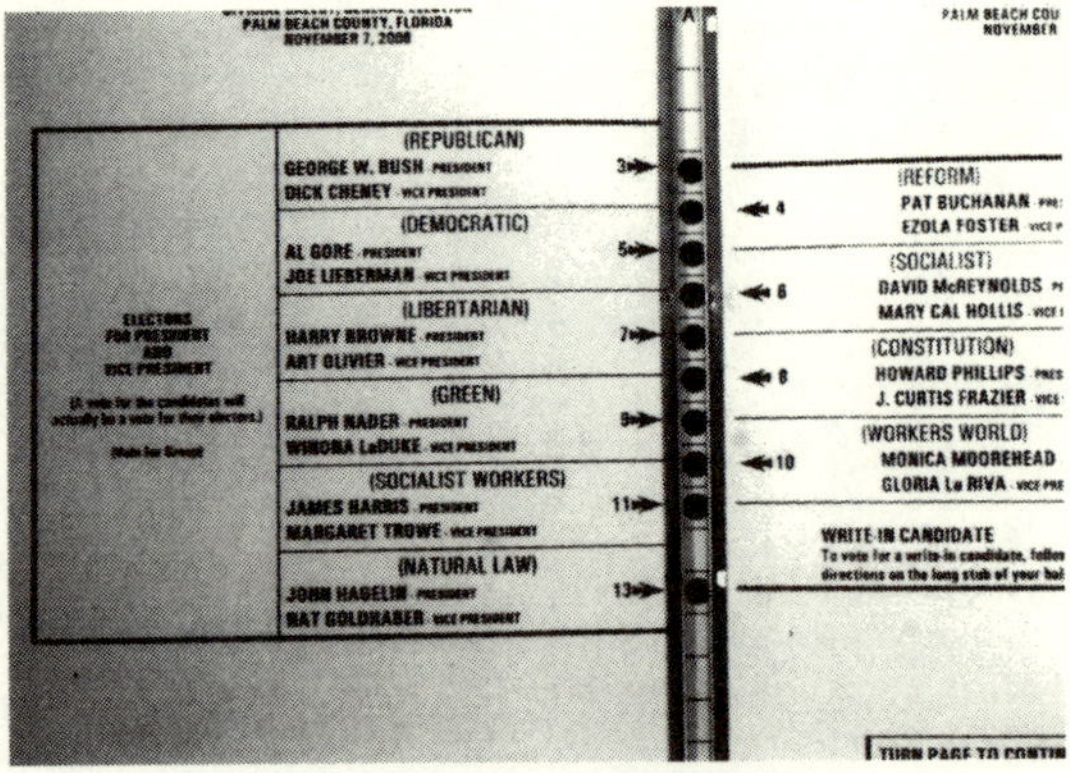

フロリダ州パームビーチ郡の投票用紙（写真提供・共同通信社）

ことがわかる例も数々あったらしい。

行政側の怠慢で何年も前の名簿がそのまま使われ、もう亡くなった人の名前は記載されているが、新しく入った人は記載されていない地域もあるという。そのような場合に不正が行なわれやすく、選挙管理人と親しい人や白人等の特定の人種は投票できて、選挙管理人が好まない人や黒人、ラテン・アメリカ系の人々は拒絶されやすいということも聞いた。投票所に入る前の段階で、装甲車の存在がすでに日ごろから差別を受けている住民には恐れを感じさせ、投票をためらわせる効果もあるという。それは、口伝えに私の耳に入るもの、インターネットで飛び交う情報、テレビが解説的に伝えることばとして聞かされた。公に語られたものとしては、後に行なわれた下院の公聴会で証言している人たちのことばをＣ―ＳＰＡＮが伝えている。

このように、アメリカでの投票の仕方は一律ではない。それは投票用紙のデザインにも現れていて、それぞれの地域がそのコミュニティの事情に合わせて作成するので、さまざまな混乱が生じるのである。フロリダで問題になった用紙にはこのようなものがあった。一つは、「バタフライ」型と呼ばれるもので、真中にパンチを入れる穴が一列に並んでおり、その両側に、その穴に相当する名前が印刷されている。たとえば、まず左側のトップにブッシュの名前があり、ブッシュに投票したい人は最初の穴にパンチをいれる。右側のトップには別の名前があり、彼に投票する人は二番目の穴にパンチを入れる。左側の二番目にゴアの名前があり、彼に投票したい人は上から三番目の穴にパンチを入れるのが正しいやりかただ。

これは、日ごろから選択式の試験を受けるとか、コンピュータに通じている人ならどのようにすべきか分かるが、慣れていない人は戸惑う。実際かなりの人数がゴアに投票するつもりで、間違って二番目の穴をあけてしまったらしく、テレビ・インタビューで自分は間違えたと訴える人もいた。フロリダ州のある郡でこの方式を採用した人は、共和党以外のすべての人から一斉攻撃を受けノイローゼになったというが、実はこれを採用している地域は多いのである。

また、仮に正しくパンチしたとしても、別の問題が起こっていた。それは、パンチを入れる道具が古いためしっかりと穴があかず、集計する機械が読み取らないという問題であった。ちょうどひと昔前の点字器のように、窪みに太い針を入れて穴をあけるようになっていた。この用紙が〝チャド〟と言われるパンチ・カードである。この一躍有名になった英単語は一般の人にはなじみがなかったので、「チャドはアフリカの国の名前かと思った」というようなことがよく聞かれた。そして、穴はあけたようだがその一片が投票用紙にぶら下がっている「ハンギング・チャド」、穴をあける意思があり押した形跡が見られるへこみを「えくぼ」と呼ぶなど、ニックネームをつけて「チャド」を笑いの種にすることが流行った。

別の選挙がシカゴ郊外で行なわれたとき、友人の口添えでパンチカードに穴をあけさせてもらった。最初、力を入れずにあけたら「えくぼ」状態になってしまったので、二回目に強く力を入れたらきちんとあいた。実のところこれは深刻な問題で、機械では読み取れないのでどうするかが再集計の際、問題になったのだ。人手で再集計するべきかどうかが第一、人手による再集計の際、どこまでを有効と認めるかが第二、そしてそれにどのくらいの手間がかかるかが第三の問題となった。

ここで述べたような方法は永年にわたってアメリカで行なわれてきたもので、今に始まったものではない。万事おおまかなアメリカでは、多少の数え違いは深く反省もせずにそのまま通ってきた。こんど初めて最も大事な大統領選挙で、しかも、最後の決め手となる州での僅差のせりあいでたくさんのミスが噴出したために、この投票の問題点が露呈された。もっとも、フロリダでミスが噴出した背景には、投票結果を操作しようとする人の意思が働いていたとも言われるので、単純に集計できないことから起こったとの見方もある。

いずれにしても、アメリカの民主主義の基本である選挙に思わぬ落とし穴のあることが分かった。一部のマイノリティの人たちは、投票に行く前にすでに差別を受けて投票する権利が奪われていた。そして、投票方法が非常に分かりにくかったため、正しく投票できないケースがあった。投票した後にも、マイノリティ票はきちんと数えられないケースがあった、というわけである。

この選挙で見習うべき点があるとすれば、それは、この反省を踏まえて、選挙の四ヵ月後にはすでに選挙方法の改善の議論が始められていることだろう。２００２年選挙をめざして、あるいは２００４年の大統領選挙までに、きっと大規模な改善がなされるにちがいない。それは、問題が多かった２０００年選挙のもたらした一つの成果といえるかもしれない。

2　集計トラブル

11月7日の夜が明けて8日の朝、選挙区票のすべてが開かれた後でも、結果の票数はまだ混乱していた。ＣＮＮのレポートではブッシュがゴアに二二四票の差をつけていると言っていたが、ブッシュ陣営では約一二〇〇票だと言っていた。フロリダ州の非公式集計では、8日5時に、ブッシュ二九〇万五七二三票、ゴア二九〇万四九三二票で、その差七九一票であった。これは0・01％の差だから、フロリダの選挙法が定める「0・5％以下の票差の場合には集計をしなおす」規則に従わなければならない。バーターワース州司法長官は「8日中にも再集計を終えたい」と語ったが、それほどすぐにできるものではなかった。ウィスコンシン州など他の三州でも数えなおしのため、何日か後になって当選者が決まっている。

この時点でブッシュは二九州、二四六選挙人、ゴアは一九州、二四九人の選挙人を獲得していた。二五人のフロリダ選挙人を獲得した方が勝ちということだが、このような接戦は1916年以来のことである。一般投票でも60年にケネディがニクソンを破ったとき0・2％の差だったが、それよりもっと今回の方が接近している。

もし、「ネーダー票がゴアに行っていれば」というのは多くの民主党支持者の愚痴だが、そのネーダーはフロリダ、オレゴン、アーカンソー、ウィスコンシンなどで健闘していた。中でもフロリダが最後の決め手となったため、フロリダ票が惜しまれたのである。しかも、ネーダーは当初の目標である5％獲得には至らなかった。5％獲得すれば緑の党は2004年の選挙で連邦政府から選挙資金を受けられ、環境問題に理解のある民主党支持者にはそれなりに理解されるという認識があった。が、その目標が達成できなかったことで、民主党支持者は、ネーダー票は無駄になったと言うわけである。

「再集計」になったとき、ゴア陣営はパームビーチ郡など四つの郡で手作業による再集計を要求した。彼の選んだ四郡は、比較的民主党勢力が強く、より多くのゴア票が期待できるところである。「手作業」にこだわったのは、このうち三郡はパンチカード方式の投票だからである。前にも述べたように、パンチカードではきちんと穴があけられない場合が多々あり、集計機械がそれを読み取れず、「白票」あつかいになる。そこでゴア票の多いところで再集計すれば、ゴア票がより多く掘り起こされ、ブッシュ票にまさると考えたのである。全部の郡で手作業により数えなおせば公平になるが、それを手作業でやっていたらどのくらいの日数とお金がかかるか分からない。選挙実施の総責任者であるフロリダ州務長官でバリバリの共和党員、キャスリン・ハリス氏は、共和党が敗北に追い込まれる可能性をはらむ手作業による再集計に厳しい日時制限を設け、再集計のデッドラインを11月14日17時に設定した。

再集計は熱心に取り組んだ郡もあれば、ゆっくり行なった郡もある。もともとたくさんで数え切れなかったものもあれば、故意に遅らせたために数え切れなかったと見られるものもある。いずれにしても中立、公正からは遠い状態だった。州務長官は、再集計が終わらなかったものについては無効とし、採用しないことにした。ゴア陣営は、それを拒否することは巡回裁判所の命令にそむくものであるとして、手作業による集計の結果をそれ以後も受け付けるよう要請した。11月14日、巡回裁判所のテリー・P・ルイス判事は、それに対し、「ハリス長官が再集計を拒否する判断を実行することは、あらゆる状況から見てそれが妥当とされるときは法律的に許される」という判断を下した。すなわち、ゴア側の敗訴である。

15日ハリス長官は「ブロワード郡とパームビーチ郡の手作業による再集計（手集計）は受け付けない」と発表した。両郡はゴア票が大きく上回っている地域である。ブロワードはすでに手集計に入っており11月16日の9時45分には再開する予定になっていた。パームビーチ郡の方は作業を見合わせることにした。

それを聞いてゴア陣営の弁護士が裁判所に走り、州務長官の決定を覆すよう求めた。要点は二つ。ひとつは、マイアミデード郡とパームビーチ郡で、機械が読み取らず白票扱いになってしまった一万四〇〇〇票を、裁判所が数えなおして欲しい。二つ目は、ナッソー郡では二回集計したが、数えなおした方を採用せず、一回目の方を採用した。これはおかしいので二回目の結果を採用すべきであるというものだった。以上の申し立てをうけて、巡回区裁判所では12月2、3日、二三時間にわたる審理をつづけた。4日レオン郡区巡回裁判所のN・サンダース・サウルス判事が下した判決は、ゴア側の敗訴。理由は「南フロリダにおける再集計によって選挙結果が変わりうることを証明できなかった」とするものである。選挙における投票者の意思がきちんとカウントされ、結果に反映させるべきかどうかという基本的な問題は、法廷の争点とはされなかった。

そこで、ゴア陣営としては最後の望みをかけて、フロリダ最高裁判所に訴えることにした。フロリダ最高裁の判決は「三つの民主党支持の厚い郡の再集計の結果も州の最終合計に含まれるべきである」とし、その再集計の期限を11月27日の月曜日までとした。理由として「法廷は選挙法の基本的な目的を見失うべきではない。個々の投票者がそれぞれの意思を、代表民主主義の意味合いの中で表現することを促進し、保護することを意図している」として、四二ページにわたる意見を述べた。これは、実質的にゴア大統領実現につながりうるものである。

これに慌てた共和党は、連邦政府の最高裁判所に訴えた。州の投票の問題について連邦裁判所が判定を下すことには多少の異論もあったが、連邦裁判所はその訴えを受けて審理を行ない、決定を下した。アントン・スカリア判事は、「5対4で決まったこの判決は、実質的にジョージ・W・ブッシュ大統領の蓋然性を示唆するものである」と述べた（www. theadvocate. com/election）。反対に回ったスティーブンス判事は「法的に正当な票の集計を停止するということは、多数派は今日、法的拘束の慣例から外れた」と述べ、強い反発を示した。

この判決は、フロリダの郡での何千、何万という票の再集計を凍結させたので、裁判所の外にはすぐに一〇〇人ほどの人が集まり、「すべての票を数えよ」と抗議してまわった。ゴアは「票は単なる紙切れではない。それは人の声なのだから沈黙させるべきではない。この国の今の基本原理が存続する限り、人々の声は聞かれなければならないし、留意しなければならない」と述べた。一方、共和党にコントロールされたフロ

米連邦最高裁判所の前で判決を待つ両派の支持者たち
（写真提供・共同通信社）

リダ州の議会は、早くも自分たちで定めた選挙人団候補者名簿を作り始めた。

この時点で、六〇〇万のフロリダ票の中で、ブッシュが州の発表で一九三票、ＡＰ通信によれば一七七票リードしているといわれたが、ゴアの求めた郡の票が双方に加算された場合、ゴアの票がブッシュを上回ることは多くの人が予想するところであった。

このように、この選挙が暴いたことは、投票設備と投票の仕方、集計方法の問題のほかにもまだあった。それは、役所から裁判所、選挙管理担当者まで、ほとんどの人々が共和党か民主党のどちらかに属していたか、あるいは強く支持していたという事実である。

まず、フロリダ州のハリス州務長官の露骨な共和党支持のための再集計中止に驚かされた。いくら、州知事が共和党大統領候補の弟だといっても、中立であるべき選挙の集計をめぐって、そこまで党派を剥き出しにするとは予想していなかったし、非難を承知で、力でこの選挙を乗りきろうとしているのが明白だった。

次に、各地の選挙管理担当者もどちらかの党に色分けできた。再集計を民主党から要求された四つの郡でも、共和党担当者が牛耳るところでは、再集計をゆっくり行なって時間に間に合わないようにしたり、ハリス長官の指示に従ってすぐ集計をやめたりした。一方、民主党の担当者が力をもつ郡では、同長官の指示に従わず集計をつづけ民主党票を加算しようとしていた。

さらに、各裁判所の判決と判事の党派性をみると、フロリダ州地裁と高裁では、共和党およびその支持者の判事数が民主党のそれを上回り、ブッシュ有利の判決、すなわち再集計に厳しい条件をつけている。そしてフロリダ最高裁は民主党系の判事数が共和党のそれを上回り、ゴア有利の判決、すなわち、すべての票は数えられるべきだとして再集計を求めている。さらに、連邦最高裁は共和党系が一人上回り、再集計停止を決定し、最終的にブッシュ大統領実現を実質的に決定した。

この連邦最高裁判事で再集計停止を支持した中には、前のブッシュ政権時代に最高裁判事に大統領から指名されたが、強い党派性とセクハラ問題などで議会の承認をなかなか得られなかったクレアランス・トーマス判事も含まれている。ここからも誰を判事にするかが大きな影響を持ちうることがわかる。

このようなプロセスは逐一、メディアを通じて国民の前に示され、人々は一喜一憂したが、それと同時にこのあまりにも党派的な判断が下されることに、多くのアメリカ人もあきれることが多くなった。州幹部の人たちが党派的であることはわかっていたが、選挙管理委員会や裁判所のように公正であるべきところさえ党派色を剥き出しにするとは、彼らも予測していなかったのである。

注目すべきなのは、メディアが大量報道をつづけた結果、視聴者の中に「飽き」が生じたのか、ゴアが勝っていると信じる人の中にも、ゴアは敗北を認めるべきだとの声があがってきたことである。11月29日から12月1日にかけて『ニューズ・ウィーク』誌が行なった世論調査で、「ゴアは敗北を認めるべきだ」という声が53％にのぼった。その一方で、フロリダ再集計問題で「事態の即時収束より疑問を取り去ることが大切」と考える人は52％。ただしその数字も二週間前の61％、投票日直後の72％に比べると落ち込みを見せている。そして、連邦最高裁の判決については必ずしも支持しておらず、きちんと再集計すべきとした州最高裁の判決を支持する声が54％あり、ゴアに有利な判決を支持してもいるのである。

さらに、どちらが大統領になって欲しいかという質問では、ブッシュ44％に対し、ゴア42％だが、このあたりの数字はサンプルを抽出した世論調査では正確な意思を推し量るのは無理で、実際に多数の国民が投票した大統領選挙の投票の全国集計が正しいとしか言いようがない。こういうことからも、非常に接近した選挙における世論調査において、どちらが優勢かを調べるのは無理で、せいぜい「非常に接近している」ということを言うのが限度だと認識する必要があるのではないだろうか。

この選挙の投票率は50・7％で、かなり低かった。投票に行かなかった人の多くは投票に行くべきだったと後になって悔やんでいる。

いずれにしても裁判という形で決着をつけたこの大統領選び、「裁判所が選んだ大統領」ということばも飛び出している。民主主義先進国を自認するアメリカでこのような事態となり、心あるアメリカ人はがっかりし、外国人の私たちに対して恥ずかしがってもいる。にもかかわらず、外国ではどうなっているかというような外国の事例を参考に紹介するメディアはあまり見当たらない。また、私も日本ではどうかということは一人に聞かれただけである。他と比較する発想をもたないのがアメリカ的だといえようか。

一方、問題が多いことが認識され、早くも改善のための委員会が開かれている。また、決着の過程がすべて全国民に、あるいは全世界に開かれていたことは事実で、この政治的透明性が、次に改善するための国民合意を自然に取りつけているとも言えるのである。アメリカの民主主義とメディアの正確さに大きな問題のあることを露呈した２０００年アメリカ大統領選挙だったが、その一方で改善のためのシステムを内包していることも分かったのであった。

Ⅳ　米大統領選挙放送の歩みと問題点

1　選挙放送の歩み

選挙における放送の利用は、ラジオ発足とほとんど同時に始まった。1920年11月、世界初の放送局、ピッツバーグのKDKA局は、大統領選挙の結果をラジオで放送し、そのラジオを聞いていた人たちが、他の人より一足早く情報を得たことで驚きを与えた。それには取材方法の工夫もあってのことで、選挙開票中の人たちに電話で結果を聞き、それをいち早くラジオで流したのである。24年選挙では、カルビン・クーレッジの低音のスピーチがマイクにきれいに乗って再選に貢献したと伝えられる。ラジオはことに、民主党にとってなくてはならないものになった。というのは、その当時、新聞の多くは共和党に押さえられていたので、直接自分たちの主張を訴えられるラジオは大変効果的だったのである。フランクリン・ルーズベルトはこのラジオを大統領選に、そして政策浸透にフルに活用した。

選挙へのテレビの導入は、単なるメディアの利用にとどまらず、もっと強く人々に押しつける選挙キャンペーンを展開するきっかけとなった。52年、ロッサー・リーブスは広告の手法を使って、"I like Ike" のように語呂よく繰り返すスポット広告で印象付け、ドゥワイト・アイゼンハワーを当選に導いた。60年代以降は、大統領候補同士の討論が選挙キャンペーンには欠かせない行事となった。また、大統領候補をはじめ公選による公職への立候補者たちには、機会平等法により放送のチャンスを保障されるようになった。

60年の大統領選挙は、ジョン・F・ケネディとリチャード・M・ニクソンの間でテレビ討論が行なわれた。もともと接戦が予想された選挙だったが、テレビを見ていた人はケネディが勝ったと思い、ラジオを聞いていた人はニクソンが勝ったと思った。その後の調査で、ケネディは明確な表現のうえルックスがよいが、ニクソンの議論には説得力があったということである。しかし、この選挙に勝利を収めたのがケネディであったため、この後の候補者たちは、テレビでの〝見栄え〟を気にするようになっていった。

88年選挙では、ジャーナリストがパネルになって双方に質問をする形をとり、両者が言い合う場面は少なかった。これはあまり良い方法ではなかったと見え、ジョージ・H・ブッシュは体が傾いて意地悪に見え、マイケル・デュカキスは木石のようで冷たく見えた。

92年の選挙でH・ブッシュはビル・クリントンの挑戦を受ける。クリントンは民主党の指名を受ける過程で熾烈な戦いをくぐり抜けており、人にアピールする魅力を備えていた。この時は第三の候補ロス・ペローも討論に加わり、時折ウィットに富んだ発言をして民主・共和の両候補と違う視点を示した。この年はテレビのトーク・ショーに候補者が大勢出演したことでも知られる。ロス・ペローはCNNの「ラリー・キング・ライブ」に三度も出演して立候補や撤回の弁を述べた。ブッシュは若者の間で不人気なのを挽回するため、MTVにも出た。クリントンは深夜のトークショー番組の中でサキソフォーンを演奏して見せたりもした。クエールやゴアも党の予備選挙の段階からたくさんのトークショーに出演した。彼らのテレビ出演は、政治番組には見向きもしない人たちにも政治に関心を持たせ、候補者から政策を聞き出すとともに候補者の人となりを視聴者に知らせるのに役立った。

しかし、96年の選挙における討論では、第三の候補者が討論に加わることは許されず、クリントンとボブ・

ドールの二人に絞られた。

２０００年選挙では先に述べたとおり、W・ブッシュとゴアの二人だけで、緑の党のラルフ・ネーダー他の候補者たちは討論に参加できなかった。その一方、トークショーへの出演は二人の候補者に限られなかったので、ネーダーは民主党の環境政策に満足できないので立候補することを、るる述べることができた。ブッシュもゴアもなかなか巧みにユーモアも交えて話をするので、見た人は好感をもったようである。

さらに、深夜のトークショーで、候補者の言動をネタにしたジョークが頻繁に登場し、毎夜、大統領選ネタで番組が始まるという状況になっていったのは、前にも述べた通りである。さらに、そこで伝えられたジョークが、もっとも真面目で知られる全国ネットのイブニング・ニュースでも紹介され、自局・他局を問わずに引用するようなありさまである。トークショーでの候補者のあつかいは、ある日に一人がでれば、他の候補者も別の日に登場するという配慮は行なわれているが、内容については〝公正〟はあまり考えられておらず、とにかく候補者にぶしつけな質問をしたり、おもしろおかしく伝えることが主流になっていた。

さて、話を選挙開票放送に戻そう。

ＣＢＳでは64年のカリフォルニアにおける予備選挙から、候補者の当選見通しを放送するようになった。この時、ゴールドウォーターの勝利を告げた時刻は、サンフランシスコの投票所ではまだ三八分間投票できる状態だったので、非難がＣＢＳに集中した。それは、結果的に「早い段階の当確情報」がどのような影響を与えるかということと、投票所は「全国一斉閉鎖」にすべきだとの、両方の議論に発展した。このカリフォルニアの予備選挙予測判定は、間違ってはいなかったが、最終合計は非常に僅差だった。共和党全国委員会議長ディーン・バーチは「ＣＢＳは手品のような予報をしている」とＣＢＳを非難した。ＣＢＳ社長のフランク・スタントンは「そうではなく、選挙結果のレポートは、経験豊富なニュースマンが、統計的な方法および最新のデータプロセシング・システム、および実際の投票結果にもとづいて出している」と公的には返事をしている。

一方で彼は、選挙当夜の記録用のカメラ取材のドキュメントをチェックするとともに、社内の聴聞会を開いて、この問題について調査した。そして、選挙予測判定が外部のコンサルタント・グループに依頼してなされたことを知り、それはCBSニュースの方針に違反しており、再考すべきだと思った。その結果できたのが「CBSニュース当選判定デスク」である。これはCBSニュースの重役を責任者に、CBS選挙部隊の人たち、それに統計専門のコンサルタントが加わった組織であった。この重役は、選挙当夜、決定デスクが下すどのような結論にも目を通し、承認を与えなければならない。この形は64年から88年まであまり変わらずにつづいた。

その間の記憶に残る開票速報には、72年の大統領選挙がある。実際票がたった3％出たところでニクソン二期目の当選をどの局も打ち出した。これは事前調査を選挙予測に結び付けて大胆な「当確」を出した最初である。二期目のニクソンは磐石の構えで、誰も彼の当選を疑うものはなく、また事実、圧勝であった。

89年にCBS、NBC、ABC、CNNがVRSを結成したので、これがネットワークに代わり選挙区の出口調査を実施することになった。まだCBSスタジオには当選判定デスクがその後も残ってはいるものの、調査そのものとデータについては、そちらにまかせることになった。先に述べたとおり、VRSは後にVNSに改組された。

90年から94年にかけては、当選予測判定をVRS、後にVNSがやっていた。しかし、ABCが局内ルールを変え、VRSが当選予測判定を出さない段階でも局としての判定を出すことにした。これにより、たとえばニューヨーク知事選で他のネットワークが当確を出すはるか前にそれを出し、これが当確早打ち競争につながった。その結果、94年にＣＢＳでも独自の判定チームを結成することとなり、ＶＮＳデータの基礎の上に別の情報を集めてＣＢＳの独自予測を出すことにした。また、96年ＣＢＳとＣＮＮは協力して同じ判定チームをつくり、コンサルタント等も共同で雇うことになった。

96年、クリントン二期目の選挙では、西海岸諸州の投票所がしまる数時間前に、ほとんどの局がクリントン当選を打ち出した。この選挙はクリントン圧勝が予測されていたし、結果もそのとおりになった。すでに投票所が閉鎖された州の結果にもとづいた予測だから、技術的にも事前の決め事に違反してはいない。そこで、投票中の予測発表がまだ閉まっていない投票所の人たちの行動に影響を与えるかどうかが、この時の議論の焦点になった。

２０００年選挙における最も致命的な問題は、「フロリダ再集計後に大統領決定」が正しい報道であったのに、「ブッシュ、大統領に」という誤報を出してしまったことである。その前の段階でも、死命を制するフロリダ州の開票が進まない段階で「ゴア勝利」を打ち出したが、「ブッシュ、大統領に」という誤報の前ではこれも小さな問題になってしまった。「裁判所がブッシュを大統領に選んだ」だけでなく、「メディアの誤報がブッシュを大統領に選んだ」とされる所以である。

2　ズサンになった開票速報用語

今回の選挙では、用語法についても問題が指摘され、このことについては、Ⅰ章の2―(3)で述べた。ここでは過去の選挙の時はどうであったか、キャスリーン・フランコヴィッチがＣＢＳの報告書の中で調査・報告しているので、それにふれておきたい。

ＣＢＳの場合は、64年にニュース機関の間に配られた何枚かのメモがある。範例として載っている文章はたとえば次のようなものである。「ＣＢＳニュースの見積もりによれば、すべての票が数えられた時、リンドン・ジョンソンがイリノイ州の支持を得られるでしょう」(*CBS News Coverage of Election Night 2000*, p.58)。同年10月当時ＣＢＳニュースの選挙部隊の長だったビル・レオナードはこう書いている。「はっきりしていることは、ＣＢＳニュースが誰かを〝選ぶ〟わけではない。しかし、誰かが選ばれたり、明らかに選ばれようとしているとき、それを伝えるのである。名前の次に印がついているのは、その候補者が〝ＣＢＳの判断によれば〝当選する、ということを示している」。

このＣＢＳ開票速報で重要な前提となっていることは、ＣＢＳがオンエアー以外の所で行なっている調査の説明である。レオナードは、「投票の背景分析に、われわれは重要な、そして、迅速な新しい手段を手に入れた。それがどういうもので、その意味は何なのかということを、視聴者に説明することは絶対に必要である。そこに秘密があってはならない」と述べていた。

ＣＢＳもう一つの核心となる前提は、はっきりと「予測」と「実際の投票結果」とを区別することである。ＣＢＳニュースの当時の社長フレッド・フレンドリーは『ニューヨーク・タイムス』の取材に対しこう語っている。「11月3日の開票速報でわれわれは、われわれの分析結果と実際の票の行方とが完全に一致するまで、〝当選〝という言葉は使わない。〝当選しそうな人〝とか、〝当選が明白な人〝〝多分当選が予想される人〝などの言葉を用いるだろう」。

レオナードはニュース・スタッフへの説明も忘れなかった。局内の説明会に出席し、開票放送用の手順と用語を書いたメモを手渡している。たとえば、ある候補者がある州の支持を得そうだが、もっとデータが出るまで待ちたいときには、「今あるデータからはゴールドウォーターがジョージア州を取りそうですが、決定するまでにはもう少し多くのデータが集まるのを待ちたいと思います」。と同時に、これは〝ＣＢＳ予測〟であることを何度も告げることの重要性も指摘している。

当初のこのような用心深い用語法は、時とともに次第に薄らいでいき、視聴者は判定のプロセスを知る埒外に置かれ、「予測」が「勝利」に置きかえられてしまった。でも、記者たちにはこのような注意が伝わっていたとも言われ、88年選挙のハンドブックでは、次のような言い回しが適当だとされている。「ＣＢＳニュースの予測では、共和党のローウェル・ウェイッカー上院議員がコネティカット州で再選されたと思われます」「インディアナ州のサンプルの選挙区からの報告によれば、ＣＢＳはエバン・ベイが当選するものと予測します」。

しかし、98年の「投票終了時および以後の放送用語」と題する社内メモでは、大分事情が変わってきた。それを直接引用すると以下のように述べられている。

「内部的にはＣＢＳがレースの予測判定（call）をすると言っているが、一般の人には『ジョージ・ブッシュが勝った』と言ったほうがずっと分かりやすい。したがって、『ＣＢＳニュース予測では、ジョージ・Ｗ・ブッシュが知事に選ばれました』とか、あるいは単に『ジョージ・Ｗ・ブッシュがテキサス州知事に再選されました』と言ってよい。基本的にレースの予測判定がされるとき、われわれは誰かが勝ったと言っているのだ。われわれはそう言うのを恐れてはいけない」。

つまり、ＣＢＳニュースでは、このときすでに自社の調査に基づく予測判定であることを省略して言うことが正当化され、奨励されていたことになる。それがこの選挙報道全体を支配していた精神だったのではないだろうか。以前の注意深い言いまわしは、いつ、誰が、どのようにして無効にしていったのか。そして、その背景にあるものは一体なんだったのであろうか。これは、ＣＢＳの問題にとどまらず、私たちが常に警戒していなければならないことだと思う。

同様のことはＶＮＳについても言える、とキャスリーン・フランコヴィッチは指摘する。ＶＮＳの選挙報告（*VNS Election Night 2000*）によれば、彼らが好んで使った言葉は大変シンプルで、たとえば、９時24分には「ペンシルベニアーゴア勝利」、９時20分には「ルイジアナーブッシュ勝利」といったものだ。98年のものはすでにズサンといえるほど大胆なものになってはいたが、ただ、票が接近しているために判定しないものと、もっと情報を得てから判定しようとしていたものとの間は、区別していたという。

3　早い開票速報は西部の投票行動に影響を及ぼすか

早い時間の開票速報が、まだ投票を締め切っていない地域の投票行動に影響を及ぼすかという問題は、今回の選挙に限らず、アメリカでは常に討議されてきた。今回は、結果が僅差であったが故に、少しでも影響があれば問題という見地から、いっそう強く話題にのぼってきた。

まず、アメリカの時間帯についてだが、国土が広くしかも東西に広がりを見せていることから、日本では考えられないような「時間差」という面倒な問題が起こっていることは、Ｉ章の最初のところで述べた。その上、夏には夏時間（デイライト・セービング・タイム）がある。地域性を尊重するので、それぞれの州が自分の裁量で時間帯や夏時間の採否を決める。州の中でも、今回問題になったフロリダ州などは、半島部分と西に広がる本土部分では違う時間帯に属するという複雑さである。選挙は11月初旬に行なわれるので、一般的には夏時間の採用如何は関係ないが、この問題の解決提案の中には夏時間という概念も入ってくるので、一応、言及しておいた。

さて、Ⅰ章の報道記録のところで述べたように、多少の例外を除いて東部の投票所の多くは東部時間19時に閉まるところが多く、テレビの開票番組も19時に本格スタートする。このとき、中部標準時間帯の多くではまだ一時間、ロッキー山脈時間帯では二時間、太平洋岸時間帯では閉鎖までにまだ三時間の余裕がある。太平洋岸には、カリフォルニア州という大票田が控えている。

もし、開票番組での当選予測が、まだ投票中の人たちに影響を与えるとしたら、これは大問題だ。そこでこの件について、選挙の専門家、ジャーナリズム研究者、ジャーナリストなどに、「東部の大方の投票所が閉まったからといって、すぐに当選予測を含む放送を開始するのは良くないのではないか、東部中心主義の発想なのではないか」と問い掛けてみた。しかし、彼ら彼女らの答えは違っていた。

選挙といっても、大統領選挙だけをしているわけではなく、Ⅱ章で述べたように、上院議員、下院議員、裁判官、州知事、市長、州議会、教育委員その他、必要な選挙をまとめて行なう。投票は主としてパンチカードや電子読み取り式で行なうから、一度にすべての選挙の結果が出て来る。多くのものはその地方だけに関わるから、結果がわかればすぐに公表するのが努めである。また、分かったものを公表しないのは、言論の自由の一部（知る権利）を侵害するものである――という見解であった。

したがって、彼らの議論の選択肢には、「投票はいままでどおり地域の時間帯にふさわしい時刻に行ない、全投票所の投票終了を待って開票時間を全国一斉にそろえる」という考えはないようであった。

「早い開票速報は西部の投票行動に影響を及ぼすか」という問に対し、影響を与えなかったという証拠はどこにもない一方、インタビューなどでは、影響を受けたと答える人がかなりいる。65年以降、敗北した候補者たちは「放送局の当選判定が、投票行動に影響を与えた」と思っているという（Walter H. Annenberg,

CBS News Coverage 2000, p.70）。

テレビ放送が始まる前からこの問題はあった。古くは、1916年の選挙で、西海岸の午後に発行する新聞およびラジオが、「チャールズ・エバンス・ヒューがウッドロー・ウィルソンに勝った」とする誤報を伝えたことがあった。また、48年の大統領選挙で、『シカゴ・トリビューン』紙が「デューイ、トルーマンを破る」と大見出しをつけたのが、影響があったとするもっとも古い例であろう。これは、シカゴのあるイリノイ州の投票がほぼ終わった後で印刷され、イリノイ州の結果を報じたものである。この選挙では、トルーマンが当選している。

一般的には、五三八の選挙人票のうち二七〇がどの候補に行くかは、21時ごろに分かることが多い。23時までに決着がつかなかったのは、76年の選挙だけである。

アンネンバーグによれば、当選判定の投票行動への影響についての見解は、研究者が大衆・公衆をどう見ているかによるという。大衆をメディアに影響されやすいとしている人は、影響されるとし、勝利する方に有利になるとしている。一方、公衆をもっと複雑で強い信念をもっている人とする研究者たちは、メディアの影響は直接的なものではないとしている。これはメディア研究の歴史とも関係しているが、60年代には、勝ち馬に乗ると考える研究者、直接的影響をうけると考える研究者が多かった。

早い判定が問題になった例としては、「投票終了前の状況漏洩と投票の督励」(92年)、「投票所にいくのをやめた？」(84年)、「レーガンへの雪崩現象？」(80年)、「ニクソンへの雪崩現象？」(72年)、「態度の変更はない」(68年)、「勝利予測で敗者の支持者は投票をやめた？」(64年)などがある。選挙結果への放送の影響については、意見の分かれるところである。たとえば政治家による調査では、「大勢が影響を受けた」とされているものが多い。カリフォルニア州務長官は、選挙の二ヵ月後に実施した調査では、四〇万人のカリフォルニア有権者が早い当選判定の影響で投票を止めてしまったと主張した。しかし、この主張には、世論調査員自身が、ロサンゼルス郡有権者登録事務所にあてた公開状で、この結論を否定している。

しかし、まったく影響がないとはいいきれない一方で、影響がはっきり出たという証拠もないのが実情である。それだけに、統計的には僅かな影響であっても、これが接戦の時には勝敗を決める鍵を握ることになるので、証拠がないからといってそれを放置することは許されない。そこで、いろいろな議論がなされる中で、早く投票が終わる地域の利益を損なうことなく、また、いつでも報道できるという言論の自由を守りつつ、影響がまったく出ない形で選挙を行なうための研究がなされてきた。

64年の早い当選判定から、いろいろな案が浮上してきたが、その中で一貫して有力な案として今も生残っているものに、「全国同時投票所閉鎖案」がある。前にも述べたように、開票の結果報告を遅らせたり、放送を遅らせるのは、地域の利益を奪い、言論の自由の一部を侵害すると考える人の多いアメリカでは、受け入れやすい案かもしれない。

たとえば、東部時間帯で8時に投票を開始し、20時に閉鎖すると仮定する。これは、中部時間帯では7時から19時にあたり、ロッキー山脈時間帯では同じく6時から18時である。太平洋岸でさらに一時間遅れると遅すぎるというので、面白い案が出ている。すなわち、アメリカではほとんどの州が夏時間を採用しているが、これは通常10月31日までである。そこで、選挙のある年だけ太平洋岸を11月第一週の選挙の日まで夏時間にし、ロッキー山脈時間帯と同じにしようというのである。アラスカとハワイについてはさらに遅れるが、本土の人たちはこの二州については深く考えておらず、有権者数も少ないのであまり問題にしていない。こうすれば、東部のネットワーク本部が20時から開票放送を始めても、全国いっせいに投票所が閉まるので開票速報の影響を受ける投票者は非常に少なくなるというものである。

全国同時投票所閉鎖案に対する世論調査も行なわれている。84年にＡＢＣが行なった調査では59％程度の人が賛成であったが、２０００年にＣＢＳが行なった調査では、全体としては73％のアメリカ人がこの案に賛成である。本土のどの時間帯の人も70％は賛成である。東部・中西部・南部・西部などの地域ごとの分類でもほぼ同様の結果が得られている（*CBS News Poll*, Dec.9-10, 2000）。

それ以外の時間を合わせる案としては、「二四時間投票案」である。上記の同時閉鎖案だとどうしても時差の関係で行きにくい時間帯になる地域の人が出て来る。しかし、24時間なら地域格差はなくなり平等である。ただし、真夜中でも投票所を開いておかなければならないので、非効率であると同時に危険でもあるところが問題だ。80年にローパー・オーガニゼーションが調査したところでは、65％の人がこの案に賛成したという。83年にＡＢＣが調査したところでは、この案の賛成者は70％程度とのことであった。

全国同時閉鎖と二四時間投票を両方提示して聞く調査は実施されていないので、どちらが好まれているかは、にわかには判定しがたい。ただ、前者のほうが現実的であるとして、下院等でも選挙関連の公聴会などで話題になっている。

4　選挙報道の問題点

しかし、このような現行制度を基準にして論じられてきた改良案が、これからも議論されていくとは限らないと筆者は考えている。すなわち、コンピュータ社会の波は選挙制度をもおおうことは必至だからである。すでにインターネットを利用した投票の実験が始まっている。インターネットなら、家からでも職場からでも投票ができるし、集計も非常に楽で一度にできてしまう。これを利用することで低迷をつづけている投票率があがるかもしれない。インターネット利用の投票なら、二四時間案も非常に現実味を帯びてくる。非効率の問題も物理的危険の問題もあまり起こらないからである。また、アメリカでは海外からの投票が軍関係者をはじめかなりの数にのぼる。２０００年選挙のように接戦の場合は、この在外投票の到着を待って決定しなければ正確でないといわれた。それは投票日に郵送した場合、かなりの日時がかかり、フロリダでも再集計とは別に在外投票到着を待ってもいたのである。インターネットならこの遅れも一挙に解決する。

配慮しなければいけないのは、インターネットやコンピュータが一般にもっている問題と同じである。まず、有権者の確認、重複投票の回避から始まって、訂正の有無などである。ただし、このような種類のことは、これまでバンキングや、カードで航空券や物品を買うような場合の経験が生かされてくるだろう。もっと問題なのはコンピュータの故障や不正操作である。集計が間違った場合、手作業による再集計などできなくなり、すべてのデータが失われてしまう危険さえある。そのような場合の保護策を二重三重にすることによって問題をクリアーすれば、かなり可能性がある。

もっと問題なのは、投票する人である。アメリカでは古くからタイプライター使用の歴史があるから、一般の人へのパソコンの導入は比較的、楽であった。そして、コンピュータ産業の発達と、それを支える基盤整備を行なった政府の政策もあって、七割近くの人がインターネットを行なっていると言われている。それでも三割はインターネットを用いていないのである。そこに多く含まれるのは、高齢者層、移民、そして、貧困者層といわれている。新しいものについていけない、言語がわからない、パソコンが買えないなどが、主だった理由である。それらの人々への手当てが十分できていれば、インターネットによる投票も可能になるだろう。

ただ、そうなったとき、今の放送の開票番組はどのような意味をもってくるのだろうか。

一瞬のうちに全国開票できるとすれば、何もたくさんの経費と人材をつぎ込んで出口調査をする必要はなくなってくる。いや、出口調査が必要ないどころか、開票結果を伝えることさえみんながパソコンで見れば必要なくなってしまう。放送ができることといえば、何故そのような結果になったかの要因分析や、当選した人物が実際にどうするか、また、すべきかを問うこと。すなわち、また元のまっとうなジャーナリズムの使命にもどることになるかもしれない。

今の時点では、いつそのような時代に転換するかを予測することはむずかしい。それまでの間、今日までなりゆきでつづけてきた選挙方法や開票放送をもう一度総点検し、何が必要で何が要らないか、また、何が公正で何が民主主義をうまく機能させるものかを見極めながら、ことを進めていくことだろう。出口調査の結果と実際の投票結果をつき合わせて、二―三時間早く当選者を予測判定することが本当に必要なのかを考えることも、その中に含まれているのではないだろうか。

エピローグ　ブッシュ、大統領に就任

２０００年12月13日、連邦最高裁の判決によりジョージ・W・ブッシュは大統領に選ばれたが、その後に議会による承認手続きが待っていた。副大統領は同時に上院の議長を兼ね、両院総会の時には議長職を遂行する。皮肉にもブッシュを大統領にするための儀式は、ライバルであるゴアの手で進められた。

２００１年1月6日、議会が召集され、ブッシュ大統領の承認手続きが始まった。アルファベット順に一州ずつ名前が読みあげられ、投票報告人が獲得した選挙人団数を報告する。議長であるゴアが「この件について異議はございませんか?」と問い、大部分異議はなく、そのまま次の州の報告に進む。フロリダ州のそれが報告され、同じようにゴアが「異議はございませんか?」と尋ねたところ、議場からたくさん手が上がった。次から次へと「フロリダの選挙票集計は正しくない」と異議を申し立てたのである。異議を正式に取り上げるためには上院・下院それぞれの議員のサインが必要である。ゴア議長はそのたびごとに「あなたは上下両院議員からサインをもらっていますか?」と問う。上院議員は誰もサインをしていなかったので、結果的にはどの異議も取り上げるわけにはいかない。それを承知で次々と異議を申し立てるマイノリティの下院議員。形式が整わないとしてそれを取り上げるわけにはいかないと言うゴア議長。そのうんざりするほど長いやりとりを、粛々と格調高く進めるゴア議長の心情はいかばかりであったろうか。

1月20日正午、ジョージ・W・ブッシュは、アメリカ第四三代の大統領に就任した。

『メディア総研ブックレット』刊行の辞

メディア総合研究所は次の三つの目的を掲げ、三〇余名の研究者、ジャーナリスト、制作者の参画を得て一九九四年三月に設立されました。

①マス・メディアをはじめとするコミュニケーション・メディアが人々の生活におよぼす社会的・文化的影響を研究し、その問題点と可能性を明らかにするとともに、メディアのあり方を考察し、提言する。

②メディアおよび文化の創造に携わる人々の労働を調査・研究し、それにふさわしい取材・創作・制作体制と職能的課題を考察し、提言する。

③シンポジウム等を開催し、研究内容の普及をはかるとともに、メディアおよび文化の研究と創造に携わる人々と視聴者・読者・市民との対話に努め、視聴者・メディア利用者組織の交流に協力する。

この目的からも明らかなように、私たちの研究所が他のメディア研究機関と異なる際だった特徴は、視聴者・読者・市民の立場からメディアのあり方を問いつづけるところにあります。私たちは、そうした立場からメディアと社会を見据えたさまざまなシンポジウムを各地で開くとともに、「マスメディアの産業構造」「ジャーナリズム」「マスコミ法制」といった研究プロジェクトを内部につくり、その研究・調査活動の成果を「提言」にまとめて発表してきました。

しかし、メディア界はいま、「デジタル化」というキーワードのもとに「革命」と呼ぶにふさわしい変革の波にさらされています。それだけに、この激しい変化を深く掘り下げ、その行方をわかりやすく紹介していくことが市民の側から強く求められてもいます。私たちが『メディア総研ブックレット』の刊行を思いたったのは、そうした時代の要請に何とか応えたいと考えたからです。

私たちは、冒頭に掲げた三つの目的を頑なに守り、視聴者・読者・市民の側に立ったブックレットをシリーズで発行していく所存です。どうか『放送レポート』(隔月刊誌)とともにすえながくご支援、ご愛読下さいますようお願いします。

メディア総合研究所

〒160-0022 東京都新宿区新宿 1-29-5-902

Tel ：03(3226)0621

Fax：03(3226)0684

◆ホームページ

http://www1.kcom.ne.jp/m-soken/

◆e-mail アドレス

m-soken@ma.kcom.ne.jp

小玉美意子（こだま　みいこ）

武蔵大学社会学部教授。専攻はテレビジャーナリズム論、ジェンダーとメディア論。フジテレビアナウンサーの後、サンフランシスコ州立大修士課程修了、お茶の水女子大博士課程単位取得退学。福島女子短大、江戸川大教授を経て1995年から現職。2000年度オハイオ大ジャーナリズム研究科客員研究員。現在、映倫管理委員、ＢＳフジ番組審議会委員。主な著書『ジャーナリズムの女性観』『メディア・エッセイ』、編著・共著に『美女のイメージ』『Mass Communication in Japan』『メディアの現在形』など。

〈メディア総研ブックレット　No.7〉

メディア選挙の誤算——2000年米大統領選挙報道が問いかけるもの——

2001年7月16日　初版第1刷発行

著者 ——— 小玉美意子
発行者 —— 平田　勝
発行 ——— 花伝社
発売 ——— 共栄書房
〒101-0065　東京都千代田区西神田 2-7-6 川合ビル
電話　03-3263-3813
FAX　03-3239-8272
E-mail　kadensha@muf.biglobe.ne.jp
http://www1.biz.biglobe.ne.jp/ ~kadensha
振替 ——— 00140-6-59661
装幀 ——— 山田道弘
印刷 ——— 中央精版印刷株式会社

ISBN4-7634-0371-0　C0036